室内设计
手绘与项目实践
（第2版）

大写艺设计教育 王东 余彦秋 刘清伟 编著

U0235992

人民邮电出版社

北京

图书在版编目（CIP）数据

室内设计手绘与项目实践 / 王东，余彦秋，刘清伟
编著. -- 2版. -- 北京 : 人民邮电出版社，2017.8
ISBN 978-7-115-45501-7

Ⅰ. ①室… Ⅱ. ①王… ②余… ③刘… Ⅲ. ①室内装
饰设计－绘画技法 Ⅳ. ①TU204

中国版本图书馆CIP数据核字(2017)第107407号

内 容 提 要

本书以室内设计为主线，以手绘表现为手段，以实际工作经验为基础，以提高室内设计师的设计水平
为目的，从室内设计手绘概述讲起，详细介绍了自然元素对设计的提示、室内主题创意设计对元素的捕捉、
室内设计手绘沟通、家居空间手绘方案设计、公共空间手绘方案设计分析、软装手绘设计，以及室内设计
方案手绘探讨与绘制。全书结构清晰，主题明确，将设计与手绘完美地结合在一起，以使设计师重新认识
手绘对于设计的重要性和灵活性。

本书附带教学资源，是精心为读者准备的视频教学资料，能将室内手绘知识更清晰、更直观、更具体
地展现给每一位读者，可以与图书配合学习，效果更佳。

本书适合室内设计专业的学生、室内设计公司的职员、室内设计师及所有对手绘感兴趣的读者阅读使
用，同时也可以作为培训机构的教学用书。

◆ 编　著　大写艺设计教育　王　东　余彦秋　刘清伟
责任编辑　张丹阳
责任印制　陈　犇

◆ 人民邮电出版社出版发行　　北京市丰台区成寿寺路 11 号
邮编　100164　电子邮件　315@ptpress.com.cn
网址　http://www.ptpress.com.cn
北京市雅迪彩色印刷有限公司印刷

◆ 开本：787×1092　1/16
印张：14
字数：493 千字　　　　　　　　　2017 年 8 月第 2 版
印数：4 501－7 500 册　　　　　　2017 年 8 月北京第 1 次印刷

定价：79.00 元

读者服务热线：**(010)81055410**　印装质量热线：**(010)81055316**
反盗版热线：**(010)81055315**
广告经营许可证：京东工商广登字 20170147 号

前言

在工业化高速发展的今天，我们更怀念曾经仰望的星空、清澈见底的小溪和漫山遍野的野菜，曾经司空见惯的事与物显得弥足珍贵，曾经遗忘的传统才是我们的灵魂。

虽然，如今室内设计制图可以通过计算机复制、修改等指令高效地完成，使工作效率高于手工制图若干倍，让我们有更多的时间去思考设计本身。但是这其中有一个"翻译"的过程，在这个过程中灵感表达往往会使我们的瞬间灵感丢失。而手绘则是"心到手到"的无缝连接，在设计过程中灵感表达会更顺畅。由此可见，我们根本就离不开手绘，手绘一直都在我们身边，贯穿室内设计的每一个环节，而且正被越来越多的室内设计师所重视。

一说到手绘，大多数人都理解为是通过透视关系表现室内外场景。其实手绘在室内设计中可以说是贯穿始终的，从测量开始，到大的方向构思，到设计元素与灵感捕捉，再到方案修改，都会用到手绘。手绘效果图在室内设计中因其快捷性、强烈的艺术感染力及在谈单中的即兴发挥表现，已成为室内、景观设计师必须掌握的表达工具。

刚开始从事室内设计工作的人，多会在装饰材料、施工、设计手法、不同空间类型功能合理分布、界面造型上下工夫。但是，很多设计师在经过一段时间的设计工作后就会遇到创意上的瓶颈，思维似乎被抽空。这是室内设计师成长的规律。本书试图告诉大家，借助手绘工具进行创意设计，其创意思维是无穷尽的，关键在于你是否掌握了设计创意的密码。

本书试图揭示室内设计师通过手绘实现设计思维的全过程，包括以下几个方面。

第一，创意元素的捕捉、设计元素变形、变异的创意过程，力求找到一种公式化的设计创意源泉，使设计者可以突破创意思维的瓶颈。

第二，设计主题创意思维手绘分析与室内设计全系列方案的手绘表现过程。

第三，手绘作为谈单、交流、记录工具的使用方法与注意事项。

第四，运用手绘在室内设计中进行方案修改、讨论及项目交底等方面的注意事项。

最后要说的是，"手绘是一种表现工具，但不仅是一种表现工具"。

资源下载

本书提供学习资源下载，扫描"资源下载"二维码即可获得文件下载方法。内容包括本书44集多媒体教学录像。

如果大家在学习的过程中遇到问题，可以加入"印象手绘（12225816）"读者交流群，在这里我们将为大家提供本书的"高清大图""疑难解答"和"学习资讯"，分享更多与手绘相关的学习方法和经验。我们衷心地希望能够为广大读者提供力所能及的学习服务，尽可能地帮大家解决一些实际问题。如果大家在学习过程中需要我们的支持，请通过以下方式与我们联系。

电子邮件：press@iread360.com
新浪微博：@爱读网官博
客服电话：028-69182687、028-69182657

大写艺设计教育　王　东

编委成员

主　编：大写艺设计教育　王东　余彦秋　刘清伟
参编人员：杨文明　殷地超　杨万霞　王月颖　唐鸿　向伟才　陈雪松
手绘绘制人员：余彦秋　王东

目录

第5章
家居空间手绘方案设计...65

第6章
公共空间手绘方案设计分析101

第7章

软装手绘设计 145

第8章

室内设计方案手绘探讨与绘制189

第 1 章　室内设计手绘概述

手绘对于室内设计有着十分重要的作用。手绘能够快速地展现设计师的思维和创意，能够更加快速、灵活地表现设计师的设计意图。

- 手绘效果图的概念及作用
- 手绘效果图的特点
- 手绘效果图的学习过程与方法
- 手绘常用工具及材料

1.1 手绘效果图的概念及作用

■ 手绘的概念

设计手绘是将设计内容用手绘的方式展现出来。手绘是各类设计专业的必修课，也是设计重要的表达手段，特别是在园林景观设计、建筑设计、室内设计、服装设计和工业设计等专业领域应用尤为广泛。

■ 手绘的作用

手绘效果图在设计中扮演着重要的角色，但其核心是作为一种表现手段和交流工具。手绘在设计中的作用主要表现在以下三个方面。

第一，在和客户进行方案探讨时，通过手绘能更快速、更准确地将设计意图传达给客户，不仅可以缩短设计表达的时间，也是一个设计师专业素质的体现。

第二，在进行现场交底（室内设计师将设计方案交付项目经理并具体实施的交流过程）时，虽然有详尽的施工图纸，但设计师大多会通过手绘的方式针对一些细节与施工方做一些更为详尽的交流。

第三，手绘在很多时候也作为记录手段广泛运用在室内设计中，例如在室内设计现场测量中需要画出户型图、标注主尺寸；另外，在进行设计构思时手绘往往是最好的记录工具，很多设计师都是用手绘的方式画出草图，然后由助理或者绘图员具体画出方案图或施工图。

1.2／ 手绘效果图的特点

■ 艺术性强

计算机效果图虽然很真实，但不如手绘效果图那样灵动。手绘效果图具有强烈的个性，极富感染力，这是计算机效果图无法替代的。手绘效果图可以作为艺术作品，绘画中所体现的艺术规律也同样适用于手绘效果图中，所以很多客户在室内设计及施工完成后，常把手绘效果图作为陈设品置于室内空间中。

计算机效果图

手绘效果图

■ 表现灵活方便

手绘效果图不受时间、空间的限制，只要有一支笔和一张纸即可随时随地进行手绘效果图表现，这是现代工具（如计算机、绘图板）无法替代的。

■ 速度快

手绘效果图根据表现的深入程度不同，时间可以在几分钟到几十分钟不等。很多设计师在和客户交流时，往往是边谈边画，谈完了效果图也就完成了，而这一点也是计算机效果图无法达到的。下图中的手绘效果图就是在39分钟以内完成的作品。

1.3 / 手绘效果图的学习过程与方法

很多人可能会认为学习手绘效果图很难，因为手绘效果图需要掌握透视、构图、明暗、色彩等诸多表现技巧。其实，通过作者多年的室内和园林景观手绘培训实践证明，只要方法得当，通过短期培训完全可以达到一个较为理想的效果。手绘并不是高不可攀，下面就给大家一些具体的学习建议。

由简入繁，循序渐进。初学手绘者在选择训练题目时一定要量力而行，选择手绘的画面难度一定要和自己的水平相适应，切不可好高骛远，最终导致望难而止步。

从临摹入手，向高手学习。初学手绘者可以选一些内容简单的作品进行临摹学习，待有一定基础后再选择难一些的作品进行临摹。在临摹的时候一定要明确自己的学习目的和学习方向，可以从整体入手进行临摹，也可以从局部开始。如学习塑造形体的时候，最好将别人临摹好的作品和实物对照一下，观察分析别人是如何把握和处理形体的大块面积及细节上的变化的，哪些可以忽略，哪些要深入刻画，然后再进行临摹。在最初学习手绘的时候，最好着重线条方面的训练，这样对形体的准确把握很有帮助。在临摹过程中逐渐增加难度，同时在选择表现内容方面可以逐渐扩展，增加一些室内外环境和建筑风景的内容。

外出写生，感受氛围。写生过程中需要投入到环境中，或者说投入到表现对象中，认真分析对象的形体关系，准确表现形体结构，注意整体关系的把握，如明暗、主次等，不要被细节所左右。特别是要求快速表现的时候不要太过拘谨。

进行手绘创作，表现设计思维。在经过手绘作品临摹和手绘写生的训练后，手绘表现水平应该达到了一定的高度，这时就可以尝试进行手绘创作了，在手绘创作的过程中积累更多的设计灵感，为设计工作打下坚实的基础。

summer . 2015. 4.17

1.4 / 手绘常用工具及材料

工欲善其事，必先利其器，要想画出好的手绘作品必须要有合适的工具。手绘工具的选择范围非常广泛，每种工具和材料都有其不同的性能和特点，只有熟悉和掌握每种工具和材料的特点，才能更好地运用这些工具和材料。

■ 纸张

硫酸纸

硫酸纸为半透明状，通常用于复制、制版或晒图。硫酸纸吸水性较弱，质地光滑，适合用油性马克笔或彩色铅笔作画，一般不能用含水多的工具作画，因为硫酸纸遇到大量的水时会变皱。在手绘学习的过程中，硫酸纸是作"拓图"练习最理想的纸张。

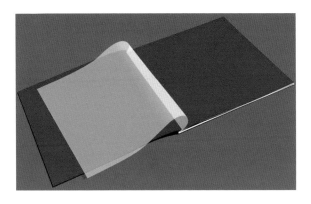

素描纸

素描纸一般比较厚，而且有比较粗糙的纹理，方便用橡皮反复擦除修改。一般在手绘的线稿表现阶段多选用素描纸。

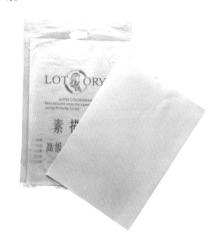

复印纸

复印纸是手绘表现训练中最常用的纸张，作画时常用A4和A3大小的普通复印纸。这种纸的质地适合铅笔和绘图笔等大多数工具表现，价格又比较便宜，最适合在练习阶段使用。

水彩纸

水彩纸是水彩绘画的专用纸，粗糙的质地具备了良好的吸水性能，所以它不仅适合水彩表现，也同样适合黑白渲染、透明水色表现以及马克笔表现。下图为水彩纸的表现效果。

■ 笔

普通绘图铅笔

普通铅笔从6H到8B有数十种型号，6H最硬，8B最软，HB型为中性，B数越多，笔芯越粗、越软、颜色越深，H数越多，笔芯越细、越硬、颜色越浅。手绘中常用HB至4B，主要是用于画出大的透视线。

彩色铅笔

彩色铅笔在绘制概念方案、草图和成品效果图时都具有很强的表现力。彩色铅笔分为油性和水性两种，水性彩色铅笔具有上色容易、易溶于水的特点，可以和毛笔结合进行渲染，从而表现出更加丰富多彩的画面效果。

签字笔

签字笔根据出墨的多少分为不同的型号，常用的型号有0.18、0.5、0.8、1.0。在手绘表现中根据主次关系不同会选择不同粗细的笔芯作画。

马克笔

马克笔是各类专业手绘表现中最常用的画具之一，分为油性和水性两种。油性马克笔色彩饱和、鲜亮，可以重复；水性马克笔不宜反复在纸上摩擦，所以把握的难度相对较大。

选择好马克笔对于画出好的手绘效果图非常关键。在进行马克笔选购时首先色系要齐全，然后各色系的浅色、中色、亮色都要有，另外黑、白、灰三个颜色也须购买。

■ 其他辅助工具

除了上面介绍的常用工具，在手绘表现中还会用到很多辅助工具，如直尺、橡皮、丁字尺、三角板、美工刀、胶带、修正液等。

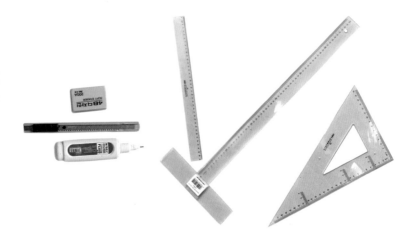

第2章 自然元素对设计的提示

设计来源于生活，要享受高品质的生活就离不开好的设计，因此生活和设计是密不可分的。为了做出更好、更贴近生活的设计，设计师往往需要在大自然中寻求美的元素，通过人为意识的加工使其变成我们生活中美好的设计，以此来美化我们的环境，提高我们的生活质量。

● 室内设计灵感捕捉
● 自然界元素对设计的提示

2.1 室内设计灵感捕捉

　　设计不是凭空产生的，哪怕是奇思异想也是来源于某一事或物的启迪。人们常说的灵感也不是自发产生的，它必定是通过大量的观察、思考和积累，在某一特定境况中突发产生，但关键是前期的积累。没有积累的过程就不会有灵感的产生，人们常说：听君一席话，胜读十年书。但如果不读十年书，又岂能听得懂君这一席话。

　　室内设计需要满足功能与精神需求，在精神需求层面很大一部分是形式（外形、造型）美及创新美。特别是在商业空间设计中，委托方想让设计或走在时尚前沿，或与众不同，或富丽堂皇，或者要求"高、大、上"之类，所以商业空间设计对设计师的创造能力有更高的要求。设计师经常因为没有"灵感"而感到被掏空，从而陷入深深的苦恼。如果能找到一把开启我们设计"灵感"的钥匙，那我们的设计灵感就会取之不尽，用之不竭。

　　其实，这把钥匙的根本就是生活，自然界中的万事万物都有可能成为我们开启设计灵感的钥匙，因此要善于观察，学会思考。有灵感之后要注意物体与设计主题之间的关联，要让设计手法与所表达的诉求形成统一、和谐的关系。室内设计并不是简单地把这些物体"搬"到室内空间中，而是要通过适当的手法进行处理。例如，某业主对葡萄特别钟爱，要求设计师在室内空间中能体现这一元素，同时又要时尚、简约的风格，那我们就不可能用传统的方式在顶上搭木架，再挂上一些葡萄藤来营造空间氛围，而是需要经过对元素的提炼、加工，将其更好地运用到室内空间中。

2.2 自然界元素对设计的提示

　　我们经常听说艺术来源于生活而高于生活，但具体是怎么来源于生活的呢？我们如何通过一个普通的自然元素挖掘出设计的创意呢？现代的设计、有创意的设计其实绝非空想，而是有其根源所在，在此我们希望通过以下案例为大家揭示从根源到设计灵感的密码。

■ 蜂巢元素抽象变形的顶面设计案例分析

　　蜂巢是蜂群生活和繁殖后代的处所，其特点是使用尽可能少的材料制作出尽可能宽敞的空间。它是按照严格的六角柱形体排列的，这种结构叫做蜂窝结构。这种排列使蜂巢非常坚固，同时这种重复排列在美学上也会给人一种稳定感。因此很多科学家把蜜蜂称为天才的数学家兼设计师。很多优秀的设计师也效仿蜜蜂，将蜂巢结构运用在了众多领域。在此我们主要讲解一下蜂巢对室内设计的一些具体启示。

设计元素分析与变形

　　蜂巢在构成上是以六边形为基本元素重复排列的，在美学视觉感上能够给人以严肃、规整、大气的美感，因此运用蜂巢形状来做一些造型设计，是现代设计师经常运用的设计手法。

徒手表现时要注意蜂巢六边较平滑，不同于见棱见角的正六边形；每一个六边形大小一致，均匀排列，给人一种规整、严肃的视觉感受。

蜂巢房里储存着花粉和蜂蜜，因此在颜色上整个蜂巢呈金黄色；在室内设计中，金色和黄色能展示出奢华、大气的视觉氛围。

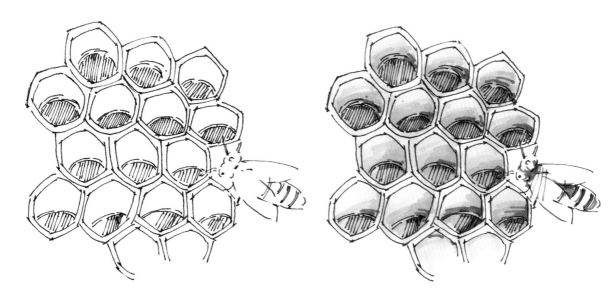

蜂巢元素的提炼与运用

从蜂巢提炼出有棱角的六边形或者是圆角六边形，并将其整齐有规律地排列起来。

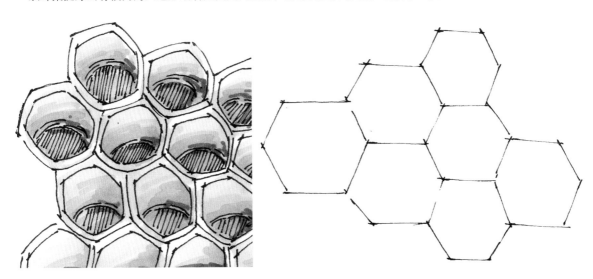

材质的选择与运用

在室内空间中，六边形可以运用在立面书架或储物架上面。在设计时可以根据个人喜好随意排列，形成大小不一的储物架，这样打破了规整的蜂巢结构，在其造型上做了灵活处理，使整个空间显得比较有趣。这种做法可以运用在小户型空间中，用简洁的线条体现现代简约风格；也可以放置在儿童房做儿童置物架。

储物架表面可以用木饰面板装饰，天然的木质纹理可以使其显得更自然。根据室内特点的需要也可以刷成所需要的颜色，下图中将其刷成了绿色，用在儿童房做置物架，可以增加空间的活泼感。

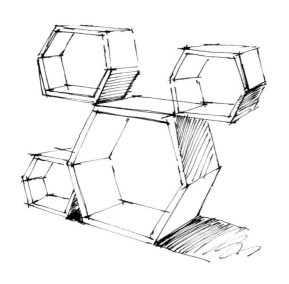

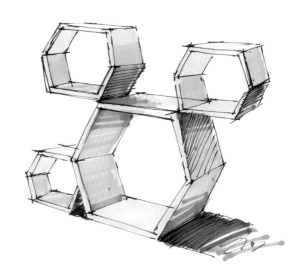

在公共空间中运用蜂巢元素装饰楼梯间的立面墙体，可以使空间显得灵动、现代，在材料选择上可以选用半透明的亚克力材质，里面暗藏灯带，在打开光源时灯带通过亚克力材质发出微弱的有色光，增加整个墙面的装饰感。如果要表现一些大气、恢弘的场景，可以选用青石片，将其切割成六边形并整齐有规律地排列，从整个青石片凹凸的肌理中也可以感受到一种低调的奢华。

也可以刷硅藻泥增加石材表面的颗粒感。

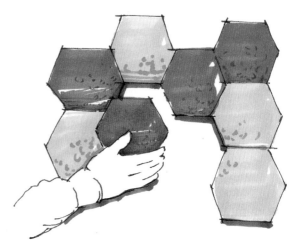

蜂巢六边形吊顶手绘效果图表现

六边形在吊顶中也是常用的设计手法。可用石膏线或木线条拼接出六边形，在施工工艺中称这种手法为"鱼鳞顶"。若材料不同，在空间中所体现的风格也有差异。

01 为了表现蜂巢吊顶在空间中的运用，在给客户讲解方案时要尽量将整个空间表示出来。注意画面的主次关系，家具可以表现得简单一些，但是吊顶需要表示得很清楚，让客户很直观地理解吊顶的造型和样式，以便提出意见，在交流时也能更容易达成共识。

02 用马克笔画出空间的固有色以增加空间的氛围。从吊顶造型和家具的选择中可以看出是中式风格。在选择颜色搭配时尽量偏红棕色，比如画面中的柜体和桌椅都是运用深棕色表示，吊顶则用暖灰色简单表示。

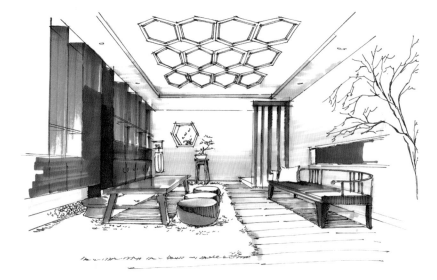

03 加重画面暗部色彩，让家具有明暗关系，增加家具的立体感；然后将墙面壁纸用暖黄色由下至上绘制出来，接近吊顶的地方颜色偏浅或直接留白，和吊顶产生对比关系。

04 加深画面空间感，刻画画面细节，用黄色铅笔将吊顶的灯带颜色表示出来，这是刻画吊顶样式的关键，必须绘制出来；地毯也需要绘制出毛茸茸的肌理感。

■ 南瓜元素抽象变形的立面设计案例分析

在设计餐饮空间时，平面布局中除了设计前台、大堂、公共就餐区之外，还要考虑到私人就餐区，也就是常说的包间。包间能够满足一小部分人聚会时对良好的交流环境的需求，因此设计师在设计餐饮空间时要注意包间的设计，尤其是较高级的餐厅往往需要有别出心裁的包间作为吸引顾客的重要手段。右图是利用南瓜抽象变形后得到的包间设计。

设计元素分析与变形

南瓜属于葫芦科，在形状上不单单是我们头脑中所形成的圆形，还有长条形，甚至是葫芦形状。既然要在餐厅中运用南瓜作为主题元素，就不得不考虑怎样利用南瓜的不同形状来表达空间中的设计元素。

徒手表现南瓜的形状，可以尝试多画几组，在绘制时要分析其形状，尽量将南瓜元素表达完整。

手绘表现

01 南瓜的形状比较简单，可以概括为圆形。沿着南瓜蒂将南瓜的纹理画出来，像画橘子一样。再用黄色马克笔画出固有色，上色时注意将南瓜的纹理加重一些。

02 用橘黄色马克笔将南瓜右侧颜色加重以体现南瓜的立体感，上色技法和素描画球体的方法一致，着重加深背光面和南瓜蒂的部分。

03 用深黄色铅笔刻画南瓜背光面细节，这样可以柔和马克笔不协调的颜色，然后用深棕色马克笔加重南瓜的纹理。注意纹理线条不要画得太实，线条可以留一些空隙，但必须连贯、流畅；受光面要用高光笔点一两点高光。

不同形态的南瓜造型尝试。

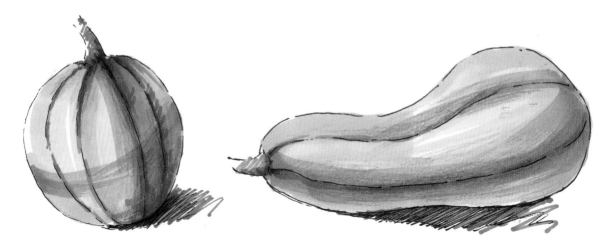

南瓜元素的提炼与运用

　　长条形状的南瓜，在空间中作为立面造型有很大的发挥空间，比如本案例中对柱子的处理手法。将南瓜抽象的形状经过变形后可以用来包柱子，外观上看起来就像南瓜生长在藤蔓上。

　　圆形的南瓜可以设计成吊灯或者是台灯。

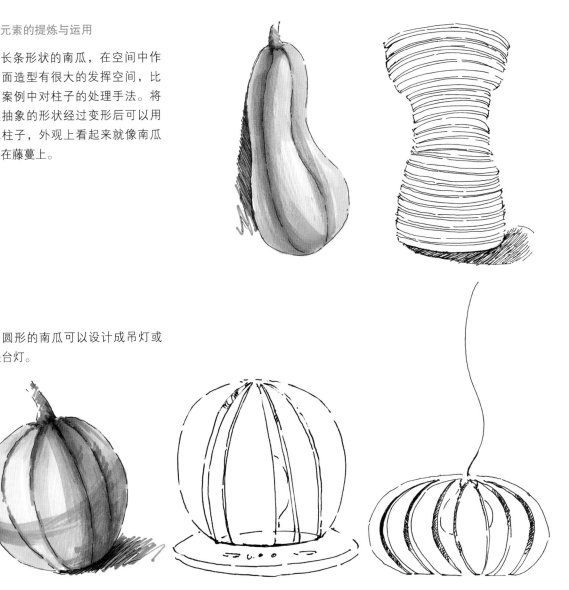

　　还可以运用南瓜元素设计出造型独特的包间，作为聚会的私人空间。

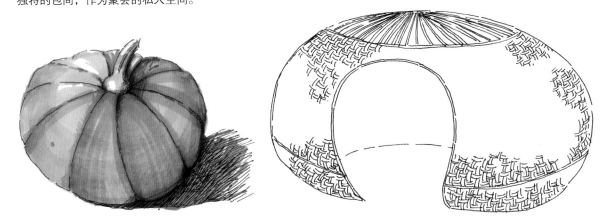

材质的选择与运用

用木线条做出下图所示的南瓜抽象造型，将空间中的柱子包起来，然后在内侧嵌入灯带，用餐时柱子里面的光形成淡淡的光晕，结合木材质能够让整个空间散发出柔和浪漫的气息。

用可塑性不锈钢制作出一片一片的南瓜瓣，再集合成一个灯具，形状非常简单。不锈钢材质和温暖的灯光组合在一起，在空间中表现出浓厚的现代感。

在用竹篾编制成的南瓜包间里面放上定做的圆弧形沙发，将其沿着空间边缘摆放，可供饭后休息、聊天用。

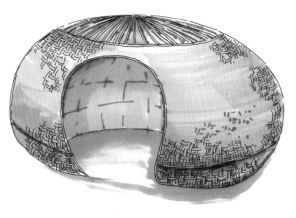

手绘表现

01 画出包间的椭圆形轮廓，然后在表面画出竹编材质的点缀。注意画编织纹理时不要将整个空间画满，适当画出一部分即可。

02 根据材料属性画出其固有色。空间中颜色的搭配取决于设计师所设计的整体色调，较大面积的空间用色较浅，因此用浅黄色表达竹编包间内的颜色。

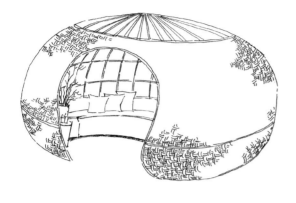

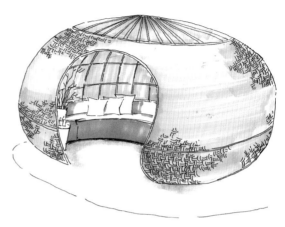

03 加深竹编材质的背光部。用深色马克笔以打点的方式加深编织肌理的缝隙，然后用灰色给沙发添加环境色。在添加抱枕的点缀色时注意用一些较深的颜色。在颜色搭配时整个环境偏暖色，点缀色彩则可以采用冷色，反之则用偏暖的颜色。

包间内部效果图 手绘展示

01 用针管笔画出包间的内部空间，清楚地绘制出空间中家具的布置关系，绘制线稿时注意圆形透视的表现；然后将家具底部的阴影用排线表示出来，增加画面的立体感。

02 用马克笔画出空间的固有色，如包间隔断竹编的木质颜色，白色沙发在光的照射下产生的暖灰色；然后用冷灰色绘制地面。必要时可以用少量的对比颜色进行搭配，这样画面会显得更生动。

03 用深灰色和红色绘制抱枕和坐垫，绘制时注意颜色的搭配和用笔的方向，不用涂得过满，越接近顶部颜色越亮，最亮的部分可以适当留白。

04 为了增强画面的空间感，用比所绘制物体更深的同类色马克笔依次加深物体的背光面，尤其是沙发与地面的交接处应给予强调处理。在刻画细节时要注意对饰品的绘制，如桌上的植物、餐具。虽然都是作为装饰品点缀，但是在手绘表达设计方案时如果细节做得很好，画面就更耐看，就更能够打动客户的心。

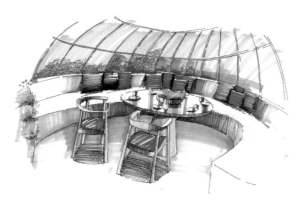

植物元素抽象变形的立面设计案例分析

植物主要的类别有乔木、灌木、草本、花卉、藤蔓、蕨类等。在人们的生活中植物几乎无处不在，如盆景、绿植、吊兰等室内绿色植物；由树木加工而成的生活所必需的家具；用藤条编织成的藤制品。植物不但能给生活带来便利，更能给人以美的享受，满足空间中的装饰美化功能；同时植物与生命健康息息相关，清新的空气、健康的绿色让人向往，所以人对植物、对大自然的热爱是永恒的。下面就利用大自然中树木的形状，通过变形和加工将其变成美化室内空间的装饰元素。

设计元素分析与变形

自然界中的树婀娜多姿，形态万千，提取出外轮廓，并将其抽象变形后可以大致归纳为三大类，即圆形树冠、锥形树冠和不规则形树冠。

右图为形态优美的树，在分析时要思考树干与树枝的组合关系、树叶的疏密关系，努力理解大自然蕴涵的美学法则。

01 用自由、随意的线条画出树干，然后用非连续的线条画出树叶的外轮廓。注意轮廓线的疏密关系，在树枝与树叶的交接处可以画得密集一些，同时要注意两棵树之间的前后遮挡关系。

02 用马克笔简单地给树木上色。根据光影关系，树木顶端的颜色亮一些，底端的颜色深一些，树枝与树叶交叉的部分可以反复加重。

03 根据光照关系再次加重树枝与树叶交叉的地方，另外用深色区分两棵树木的前后关系，增加树木的层次感。画树干的时候像画素描的圆柱，受光面浅，背光面深，不要将树干平涂。最后在树叶的受光面与背光面点上高光即可。

将树叶与枝干分离，单独表现枝干的形态。

植物元素的提炼与运用

树分为枝干和树叶两部分，尤其是枝干的形态特别漂亮，仔细观察时会发现每棵树的枝干都不一样。将枝干部分的形态有规律地排列起来，可以用来做镂空的隔断。

保留树叶并将其简化，可用于表达树枝与树叶的生长关系。在设计时多在草稿上尝试树叶与树枝的排列关系，选定比较美的组合形态。

通过前面的抽象变形，其图案已经非常适合于通过机械生产了。下图就是用雕刻机在木板上刻出的镂空隔断。

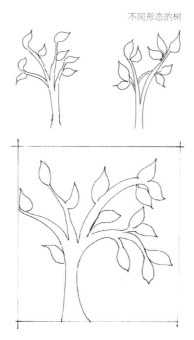

不同形态的树

材质的选择与运用

可以用作隔断的材质种类很多，有木材、石材、铁艺、石膏板等。材质的选择需要根据空间的装饰风格而定，一般木材质在大部分风格中都可以运用。

将设计好的树枝造型图样用木材质切割成镂空的隔断。

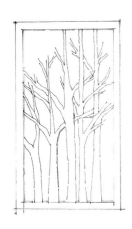

隔断在空间中的运用非常广泛，例如将上图中的树枝造型用于装饰电视墙面。

手绘表现

01 比较简单的立面草图可以不用铅笔打稿，直接用针管笔在纸上绘制。绘制时注意家具尺寸，以及比例关系。电视墙面造型简单，墙面用白漆装饰，左面是木质镂空树枝隔断，墙面上做材质装饰，与电视机呼应。

02 根据不同的材料表达出固有色。白色墙面和电视柜根据画面需要不能留白，最好用灰色表示光照关系。

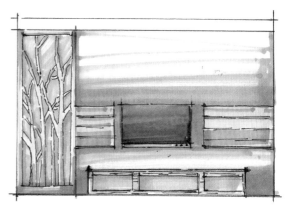

03 为了表示隔断的厚度，可用深色马克笔加重隔断一侧边缘；同时，可用高光笔增加电视机的高光，让其体现材质，丰富画面感。

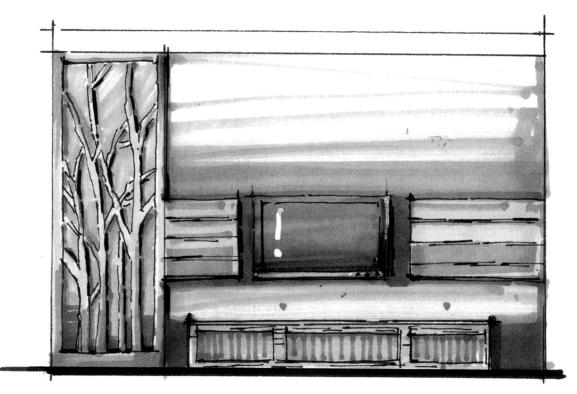

将利用树枝和树叶元素做成的镂空隔断运用到玄关处，作餐厅和玄关的分割。

01 画线稿时线条要流畅、潇洒，重点将玄关处表达清楚，其余地方表达出空间关系即可。玄关造型用石膏板砌墙，然后在中间切割出树的镂空造型。透过隔断可以看到餐厅，借用了中式造园手法中漏景的方法。

02 用马克笔将墙面的米黄色底漆平涂出来。平涂时注意方向是由下至上，下面与地面相接的地方可以反复涂抹，增加整个墙面的颜色层次；然后将地面砖表示出来，同样将接近墙面部分的砖加深。

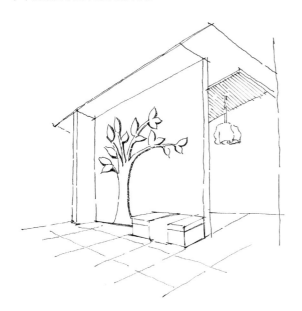

03 用同类色深一号的马克笔加重墙面与地面交接的地方，马克笔颜色表现不柔和的地方用彩色铅笔均匀平涂，顶面上用黄色铅笔表示灯带发出的黄色光。玄关旁边可坐的储物箱用马克笔表示出三面的关系即可。为了使画面更加活泼，可将储物箱上面的桌布用亮色表现。

树枝隔断实例运用

入户玄关与餐厅处的隔断设计。

客厅与玄关的隔断设计。

用原木直接做成装饰更贴近自然。

第 **3** 章 室内主题创意设计与元素的捕捉

好的设计离不开好的创意，这也是室内设计师打动客户的根本。那么好的创意从何而来呢？本章将通过对室内主题创意设计的分析以及对创意思路最直接的剖析，使创意思维成为能复制的公式。

- 葡萄园主题概念设计元素捕捉
- 菊花瓣主题概念设计元素捕捉
- 丹顶鹤主题概念设计元素捕捉

3.1 葡萄园主题概念设计元素捕捉

当下设计师众多，设计作品也是层出不穷。怎么样才能以一个好的作品来打动客户呢？这就需要设计师有好的创意和新的想法。好的设计可以将生活中所见的元素，通过抽象变形赋予其新的材质、色彩和肌理，形成一个新的元素。

下面分析一个以葡萄藤元素为主题的设计在餐饮空间中的应用案例，借此希望能解密设计师是怎样把生活中的元素变成设计作品的。由于该餐厅在功能上要兼顾酒吧，因此要在葡萄这种传统、自然的元素中加入一些时尚的现代感觉，让这两种截然相反的气质在空间中相互独立又相互融合，使这间餐厅在白天作为主题餐厅，晚上则成为酒吧。

■ 设计元素分析

在设计初期需要先定好思路，并搜集大量关于葡萄藤的素材，为设计前期草图做好准备。

将搜集好的资料整合，确定葡萄藤的分类、形状和颜色，以及在室内空间中所需要的体量。

01 手绘草图不必像正式效果图一样画得那么细致，可以不用铅笔打草稿，用针管笔一气呵成，并随意地在葡萄上加些阴影，然后用马克笔简单地给葡萄上颜色即可。

02 用彩色铅笔丰富葡萄的暗部，手绘草图只需要一些颜色示意，不必画得太过详细。

在收集葡萄的资料时会发现葡萄的颜色丰富多彩，有红色、绿色、红黑色，甚至还会想到葡萄干的颜色。在设计中应该思考能否将葡萄的颜色纳入餐厅的装饰品设计，或者是其他设计中。

■ 葡萄元素提炼

葡萄的形状是圆的，以一簇一簇的形态挂在藤蔓上，一颗一颗的小圆球没有规律地挤在一起。我们把葡萄的形态抽象化，形成平面构成的形态。

在草图纸上多做一些类似于上图的葡萄变形，通过不同图案的比较，结合材质的考虑选定葡萄变形后的造型。

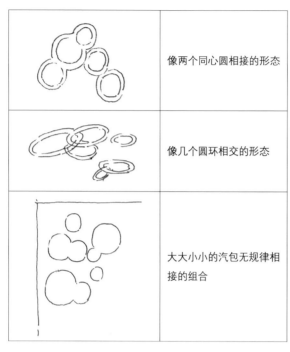

	像两个同心圆相接的形态
	像几个圆环相交的形态
	大大小小的汽包无规律相接的组合

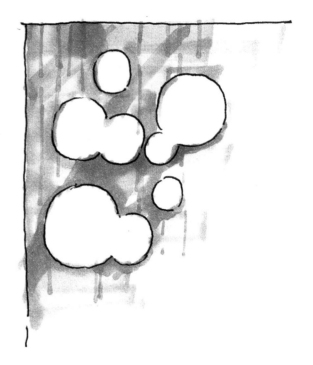

通过以上提炼，我们已经获得了丰富的设计元素。在具体的表现形式上，选用不锈钢材质的板材（450mm×900mm）并在上面打上不规则的圆形孔洞，做成镂空的隔断，用来装饰玻璃墙面。为了表现不锈钢材质的质感，给草图简单地上一点马克笔颜色，将材质表达得更清楚一些。

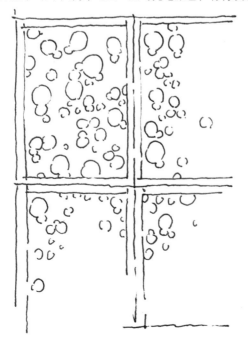

■ 葡萄架元素提炼

葡萄藤相互交错，相互缠绕，经过抽象变形后变成一条一条的木线条。可以将这些木条设计成木质酒架。

01 用木质颜色将枝干平涂，画出固有色。

02 用深色画出投影，这样可以增加木质的体积感。注意画投影时方向需要一致。

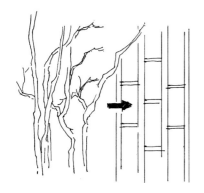
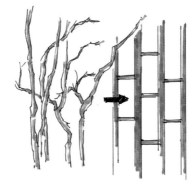

葡萄架与葡萄藤的缠绕关系表现。

葡萄架的主框架是用木材质搭成的方形通道，葡萄藤缠绕其中，通过立面的葡萄架向顶面延伸，这样可以将立面与顶面融合；再采用吊式灯具，宛如下垂的葡萄藤。

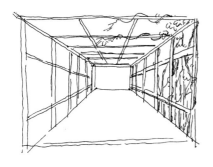

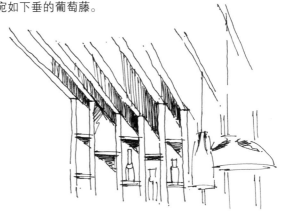

01 用马克笔先给灯具和木材质隔断上色，上色之前想好隔断的颜色，用绿色和浅黄色作为隔断的基础色，让整个空间的色调显得充满绿意和现代感。

02 用灰色的马克笔加重颜色，丰富草图色彩，增加画面空间感。

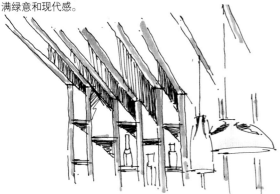
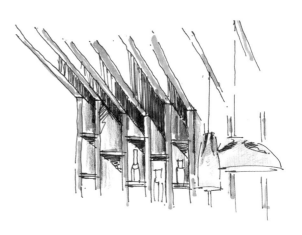

■ 葡萄叶元素提炼

葡萄叶子形状漂亮而且充满生机，经过处理后由三个大小不同的椭圆组成，既可以在室内设计中直接作为造型元素应用，也可作为现代室内设计风格的抽象装饰画。

相框的颜色选用黑色，抽象变形的叶子采用葡萄叶本身的颜色表现。方案草图不需要过多的色彩去渲染，一幅简单的装饰画就表达出来了。

■ 设计思路的整合

室内设计中以某种自然元素作为设计主题时，一般会将此元素在平面、立面及顶面设计中加以体现，使整个空间都能找到这个元素的影子，从而使整个空间的设计感觉趋向统一。本方案平面图以葡萄架为设计元素，采用后现代设计风格将整体空间分割成三条平行线，形成三条长长的纵深线，并用抽象的葡萄架让立面和平面整合，让我们的视觉置身于葡萄藤架下，享受午后红茶的惬意。平面草图示意如右图所示。

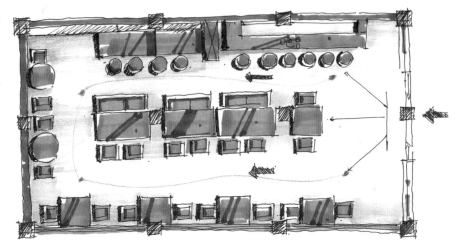

草图中箭头指示方向对过道做了合理地布局，解决了消防问题。长长的过道就像葡萄的廊架，人们仿佛置身于葡萄架下。

01 先用针管笔将大致的平面图布局划分出来，线条潇洒，不用直尺辅助，画面干净流畅。

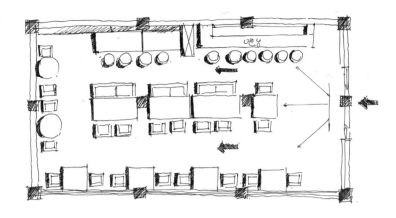

02 用棕色马克笔将木质桌面平涂出来，平涂时桌面上不用画得过满，留一些画面缝隙。

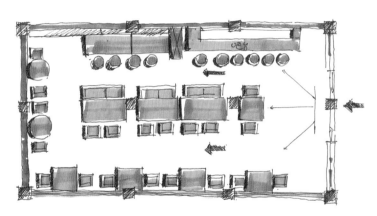

03 用深色马克笔将地面紧挨着桌椅的地方加重，丰富画面层次关系。

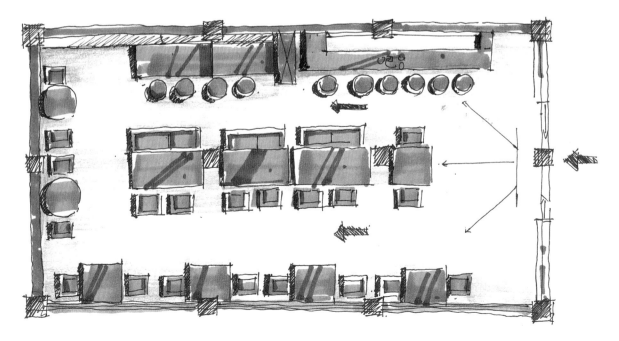

■ 细化设计方案

吧台的立面造型

　　吧台作为收银和储酒的地方，既要有亮点又要有相当大的储物空间。因此将葡萄架经过抽象变形做成木质的隔断。

02 用灰色马克笔将木质线条右侧和隔断的底部加深，增加立体感；然后用黄色铅笔画出射灯的灯光，表示隔断下暗藏射灯。高矮不一的隔断上摆满红酒，远远看去就像是葡萄架上的一串串葡萄。

01 用绿色和黄色马克笔将木质隔断的颜色区分出来。

　　将吧台上的吊灯也做成抽象的葡萄。选用较温馨的颜色画出灯具的颜色，注意色彩的轻重关系。

窗户隔断设计

紧挨着玻璃部分的一面用
不锈钢雕成不规则圆形孔，像
一串串不规则的葡萄，组合镂
空的隔断镶在玻璃上，让人在
用餐的时候可以透过圆孔看到
外面的世界。

整个餐厅的草图效果展示如下。

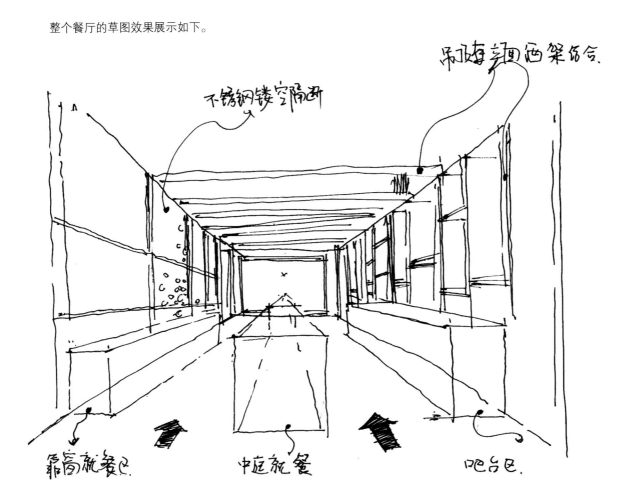

■ 手绘表现设计方案

通过对方案的分析整合，下面讲解最终效果图的绘制方法。

01 用铅笔在纸上打一些草稿，然后根据草稿画出墨线稿。墨线稿除了主要的框架用直尺辅助，其他的线条都采用手绘的方式，让线条看起来潇洒、干净。

02 画出空间中不同材质的固有色，颜色从里往外逐渐变浅，让画面有一种进深感。

03 加深材质的背光部分，尤其是靠近里面的部分。

04 用彩色铅笔适当刻画餐桌椅的颜色以增加细节，完成效果图的表现。

3.2 / 菊花瓣主题概念设计元素捕捉

　　花卉元素在室内空间中运用比较广泛，也是设计师常用的元素，比如花卉经过抽象化后结合先进的材质可用于隔断、吊顶的设计，甚至可用作一些墙面上的装饰造型。下面用一个中式风格的大堂设计方案来讲述菊花元素在室内装饰设计中的运用。

■ 设计元素分析

菊花是中国"花中四君子"之一，被赋予吉祥、长寿的含义，能很好地体现中国风格。菊花形状有单瓣、平瓣和匙瓣，颜色也非常多，在运用上要根据室内设计风格选择合适的形状与颜色。

 尝试着将搜集到的菊花花型画成草图，在画的过程中要思考花瓣的形状是怎样的，为以后的变形做准备。

01 观察照片中菊花的形状，将轮廓边缘勾出来。在绘制时注意用笔的轻重关系，画花瓣外轮廓线时要加重，花瓣里面的线条要画得细一些。

02 用紫色马克笔将菊花的固有色绘制出来。上色时注意加重花瓣与花瓣之间的缝隙，叶子用绿色平涂，并加深叶子与花瓣之间的边界。

03 用彩色铅笔加深花瓣之间的间隙，柔和花瓣上马克笔的颜色，再用深绿色将叶子的筋脉画出来即可。

 再找些其他的菊花形状，如单瓣雏菊的形状也非常漂亮。

01 画草图线稿时不必用铅笔，直接用针管笔绘制。绘制时做到心中有形，图中两朵菊花一个是椭圆形状，一个三角形状。绘制花瓣时注意花瓣之间的穿插关系和遮挡关系。

02 用黄色马克笔顺着花瓣的纹理平涂，给花瓣添加固有色。注意适当留白，并用暖灰色马克笔将植物的颜色平涂出来。

03 用深黄色马克笔把花瓣之间的缝隙加深，然后用同样的方法把叶子的纹理加深。

■ 菊花花瓣元素提炼

菊花花瓣的形状可以用构成的方法来理解，由一个圆形的中心点和多个椭圆形做一个发散的形状。

将菊花元素多做一些抽象变形，然后考虑适合运用什么样的造型。

	较复杂的曲线抽象变形
	较简单的曲线变形，带有中国传统元素
	将整朵花做曲线上的变化，更为复杂地表现花朵上的形状
	曲面形成的花瓣沿着中心点密集地堆砌
	将花瓣做直线抽象变形，两边成对称形状

筛选经过抽象变形的图案，思考在方案中所需要的材质。

中式风格中大多运用木作，因此本方案也用木线条制作。本方案中为了体现空间的稳重与典雅，在颜色上没有运用典型的棕黄色，而是运用了深灰色。

抽象的花瓣用木线条做造型，中间夹艺术玻璃。

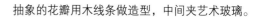

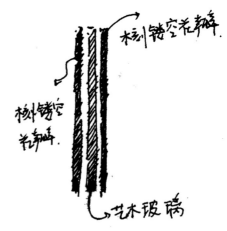

木刻镂空花瓣.

木刻镂空花瓣.

艺术玻璃

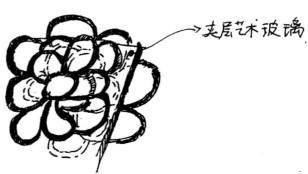

夹层艺术玻璃

■ 设计思路的整合

大堂平面布局大致如下：曲面隔断前面是大理石展示桌，上面摆放一盆装饰插花，隔断两边的柱子做成圆形，后面则是前台接待时用于休息的桌椅。

01 地面用米黄色石材做铺装，两边装饰柱子以及沙发用中国红材质，隔断采用木材刷深灰色漆。规划好材料后，就用马克笔画出其固有色。

02 增加平面图的层次，丰富画面关系，用同类色深色马克笔画出整个画面中背光的一面。

■ 手绘效果图表现

经过对设计元素的提取，以及具体材质的应用，整个空间设计效果图的绘制方法如下。

01 用一点透视绘制大堂效果图。为了避免出现错误，可先用铅笔在纸上画出大致形状，再用针管笔画出细节。画线稿时大体框架线用直尺辅助，其余徒手绘制即可。

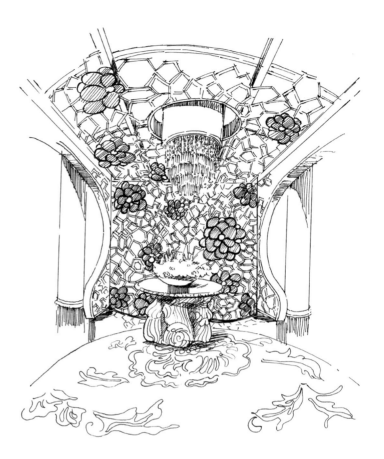

02 先将画面中物体的固有色表示出来，例如红色的柱子、深灰色的木质雕花隔断，以及米黄色石材桌面。

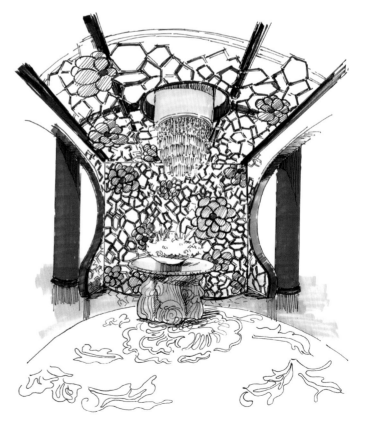

03 用同类色马克笔深一个层次的型号加重画面暗部，比如加重柱子的右侧面以增加柱子的体积感。然后地面上用暖灰色马克笔平铺，在背景隔断与地面交接的地方反复加重涂抹。

04 仔细刻画吊顶上的水晶吊灯，用高光笔将吊灯上面的水晶装饰提亮。然后仔细刻画桌面上的植物。室内装饰设计中植物配置时多用花卉，因此在上色时用一些红色来点缀花朵的颜色。

3.3 丹顶鹤主题概念设计元素捕捉

　　动物元素在室内设计中通常用作一些主题装饰，如中式元素中守门的石狮子、一些特定品牌的吉祥物标志等。在本方案中用丹顶鹤来分析，并将丹顶鹤作为室内设计元素来装饰整个室内空间。如下图所示，具有现代感的鹤群放置在两边水池中，正前面隔断上则拼凑出了不规则的飞翔鹤群，充分体现了鹤元素在空间中的运用。

■ 设计元素分析

　　丹顶鹤是鹤类中的一种，因头顶有红肉冠而得名。它是东亚地区所特有的鸟种，因体态优雅、颜色分明，在这一地区的文化中具有吉祥、忠贞、长寿的寓意。在中式风格的室内空间中，运用此元素能够更好地表达积极向上的设计思想。

搜集一些体态优雅的丹顶鹤照片，在草图纸上认真绘制，思考丹顶鹤的体态特征在平面构成中的构成形式。

01 用曲线绘制出丹顶鹤的身体轮廓，线条适当断开。鹤的羽毛用小排线的方式表达，比如丹顶鹤头上的羽毛。绘制完轮廓后用排线加深丹顶鹤黑色羽毛部分。

02 用冷灰色绘制丹顶鹤黑色羽毛部分的固有色，然后用暖灰色表示丹顶鹤白色羽毛的暗部固有色。在表现白色物体时都可以用灰色表示其暗部，增加物体的立体感。

03 用黑色马克笔加重黑色羽毛部分，注意不用涂满，沿着羽毛的边缘涂抹，把尾巴部分的羽毛区分出来即可。然后用深暖灰色马克笔小头在白色羽毛上画出小排线，表示丹顶鹤的绒毛。

如果说站立在水中或者雪地里的丹顶鹤如同优雅的贵妇，那么即将展翅飞翔的丹顶鹤则如刚出浴的少女那样脱俗。手绘表达出展翅的丹顶鹤，注意观察鹤的翅膀形态，思考翅膀的形状可以给我们带来什么样的设计灵感。

01 绘制线稿的方法与上面一只丹顶鹤的绘制方法一样，此步骤中需要注意翅膀的形态，观察展翅后的丹顶鹤羽毛的形态特征。顶端的羽毛比较大，可以一根一根清晰地表达出来；下面部分则比较小，用简单的曲线绘制即可，不必画出具体的形态，大致概括即可。

02 用冷灰色表示丹顶鹤黑色羽毛部分的固有色，然后用暖灰色表示丹顶鹤白色羽毛的暗部固有色，在翅膀之间可以反复涂抹加重颜色。画鹤腿时注意不要画得太满，加深右侧面，左侧面可以适当留白。

03 用黑色马克笔加重黑色羽毛部分，注意不用涂满，沿着羽毛的边缘涂抹，把尾巴部分的羽毛区分出来即可。然后用深暖灰色马克笔小头在白色羽毛上画出小排线，表示丹顶鹤的绒毛。

■ 丹顶鹤元素提炼

按照构成的方式，沿着丹顶鹤的轮廓线，将其形态勾勒出来，注意捕捉丹顶鹤的形态特征。

分析丹顶鹤展开的翅膀，将其抽象化后，用曲线表示出不规则的有机形态。

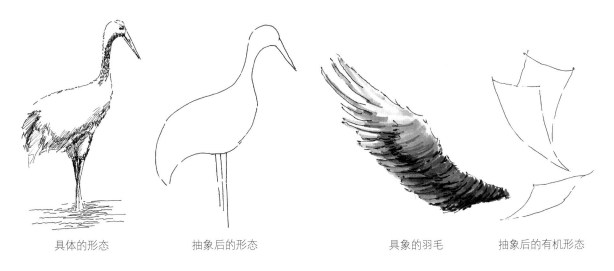

具体的形态　　　　抽象后的形态　　　　具象的羽毛　　　　抽象后的有机形态

■ 设计思路的整合

经过抽象变形后的丹顶鹤在形态上与自然界的丹顶鹤相比显然已经高度简化，但其高贵的内在气质仍然是相同的。创造性地运用不同材质和颜色来表达经高度抽象后的形态，可以表现出意想不到的效果。

下图表现鹤群在水中嬉戏的场景。因为长期置于水中，因此要选用比较坚硬的材质。可以用不锈钢制作鹤腿，用水晶材质打造鹤的身体，不仅造型优美，而且在灯光的照射下晶莹剔透，同时色彩随着灯光变幻，充满神秘感，将传统与现代的设计手法完美地呈现出来。

01 用针管笔或签字笔直接在纸上绘制丹顶鹤。绘制时要心中有形，尽可能做到线条流畅、画面干净。绘制水面时注意疏密关系，接近荷叶底部的部分画得密集一些，其他地方稀疏一些，做到有松有紧。

02 采用平涂法画出鹤群和水面荷叶的固有色，透明的鹤群不能留白。由于受到光的反射，鹤群会泛着周围物体的颜色，比如水体和荷叶的颜色。

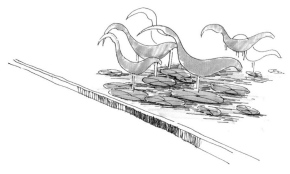

03 用同类色马克笔加重画面的暗部。遇到马克笔色彩不柔和的地方，可以用彩色铅笔进行柔和处理，比如用蓝色铅笔将接近荷花底部的水体均匀柔化处理。

将由丹顶鹤翅膀抽象变形后的造型再次重组，在翅膀边缘加一圈粗黑线强化其视觉效果，远远看去就像一幅抽象画，也像在空中飞翔的一群丹顶鹤。

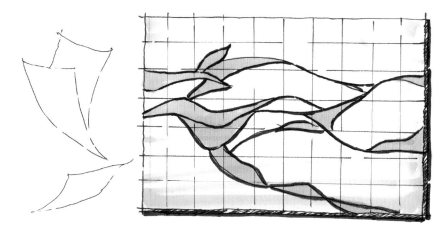

■ 手绘效果图表现

将抽象变形的丹顶鹤元素综合应用于中式室内设计中，可以为庄重的中式室内设计增添几分灵动。

01 用一点透视表现大堂效果。画手绘方案时为了更好地表达空间中的设计元素，要把空间中所设计到的亮点都表现出来，比如水池里面的鹤群、前台隔断上的艺术玻璃，以及富有中式特色的吊灯等。

02 用深灰色将柱子和隔断的边缘线条固有色绘制出来，并用蓝色将水池平涂绘制出来。在平涂时可以在较暗的一面做重复涂抹从而加深色彩，以体现画面的层次。

03 用同类色马克笔色相略深一个层次的颜色绘制画面暗部，如加深两柱子内侧面色彩以增强柱子的体积感。地面上用浅灰色马克笔平涂上色，在背景隔断与地面交接的地方重复涂抹以加深色相。用黄色增加吊顶的颜色，在顶面上铺满黄色后可以用暖灰色在上面做覆盖，降低黄色的亮度和纯度。

04 仔细刻画吊顶上的四个中式吊灯，然后用高光笔刻画灯具中较亮的部分。待整体绘制完成后，为了使空间感更强，可以选用一些深色的马克笔强调一下暗部，比如墙面砖的缝隙、地板与隔断的接缝处等。

第4章 室内设计手绘沟通

在图像面前语言显然是不能企及的，虽然现在计算机表现非常发达，但由于手绘具备的快速与灵活性，其在室内设计各个环节中仍然是不可或缺的。在室内设计的沟通中，手绘主要应用在谈单沟通、3ds Max表现沟通及现场交底沟通。

- 谈单手绘沟通
- 3ds Max效果图表现前期手绘沟通
- 现场交底手绘沟通

4.1 / 谈单手绘沟通

在谈单过程中如果能运用手绘加以辅助，可以达到事半功倍的效果：好的手绘表现不仅可以体现出设计师良好的艺术修养，使其获得客户的信赖，而且图形语言可以更直观地将设计师的意图无障碍地传达给客户。

■ 现场量房手绘沟通

在室内设计过程中沟通无处不在，尤其是在设计初期阶段沟通得越充分，后期的设计就越能贴切设计委托者（客户）的需求。在现场量房中，除了用手绘记录下现场的各项尺寸，还要通过手绘的方式与业主共同确定一些细节，这样将会使后期设计变得非常顺畅，减少与设计委托者的沟通次数，提高工作效率。

这里以设计一个面积为85m²的美发店时的初步沟通为例，探讨现场量房阶段的手绘沟通内容与步骤。

画出墙体原始结构图，原始结构图中需要画出墙体、门窗、梁柱等内容，同时此商业空间要特别注意标明给排水的位置。

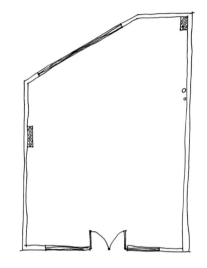

标注现场尺寸。本方案中的是一个异形商业用房，所以除了常规的尺寸标注外，还需要标出虚线处所示的三角形区域的垂直高度，因为目前的量房仪还无法测量角度（即便可以测量也不精确），通过三角形的垂直边长及斜边长度，可以在后期CAD绘图中轻松得到精确的角度并绘出平面图。

在现场量房时记录下客户的一些零星的想法，以及得到客户认可的一些设计思路。本案在商业步行街的二楼，窗户外面就是商业步行街的主要通道，对面是时尚商业街，所以客户想让窗户外面的人一抬眼便能看到窗户内造型师的工作。

同时门面左边为上二楼的主通道，这决定了人的流动线是从左至右的，所以进门的右边自然就成为人们进入室内空间的主要视觉中心。

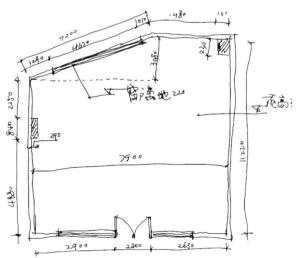

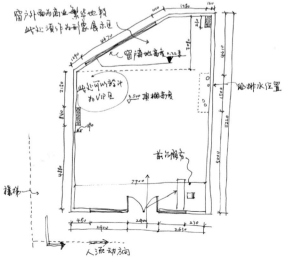

■ 现场方案概念设计手绘沟通

谈单手绘与手绘表现有很大的区别：手绘表现大多用在投标方案中，更注重形体、透视准确及色彩层次分明，让作品更富有表现力与感染力；而谈单手绘则更注重沟通的即时性，尽可能地"笔人合一"，谈单手绘需要将设计师的设计意图以最直接的方式传递给客户。因为谈单手绘的特殊性，所以容许存在瑕疵，或者说谈单手绘其实就是"设计草稿"。下面以手绘概念设计过程来呈现谈单手绘中的概念设计沟通。

手绘泡泡图

在商业空间设计中，平面图设计占据整个室内设计相当重的比例，有人说完成商业空间的平面布局设计就完成了整个设计的50%，这也不为过。在进行平面设计布局图之前设计师往往会做大的空间划分，正因为手绘的便利性，室内设计师可以随时、随地开展设计工作，尤其在谈单过程中这样的便利就显得非常重要。本案例的功能分区泡泡图如下。

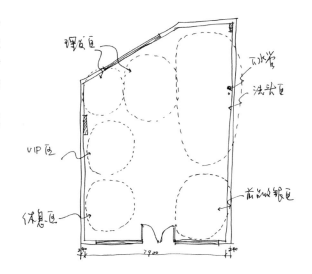

技巧与提示

在进行平面布局设计时要注意以下三点。

1. 因为考虑到给排水问题，所以洗头区、卫生间等会用到水的区域自然会设计在有给排水的区域。

2. 为使展示性更好，使路过的人能直接看到店内造型师，所以将理发造型区设在靠近窗户的位置。

3. 本商业用房左边为进入二层商场的主通道，主要人流是从左至右移动，所以前台收银服务区及形象墙设在进门后的右边区域。

空间划分

泡泡图只是确定大的空间划分方向，但具体到家具、设置等摆放时还需要做尺寸上的调整，在泡泡图与客户取得一致后，可即时进行空间切分及详细的尺寸安排。

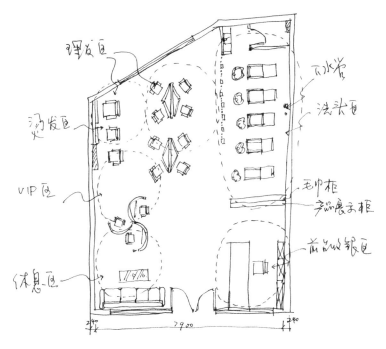

重点区域造型设计

设计感觉有时如诗人的灵感，如果不及时抓住并记录下来，可能稍纵即逝。在和客户沟通时，能最直接地得知客户对设计品质的需求，此时如果能对一些初步的设计用手绘的方式达成共识，将使设计效率成倍提高。下图是现场与客户沟通过程中绘制的形象墙及VIP区造型示意图。

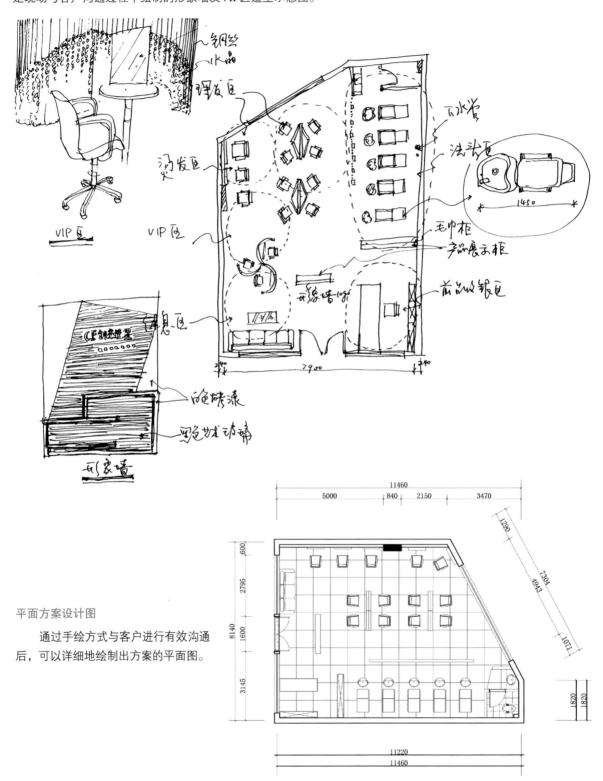

平面方案设计图

通过手绘方式与客户进行有效沟通后，可以详细地绘制出方案的平面图。

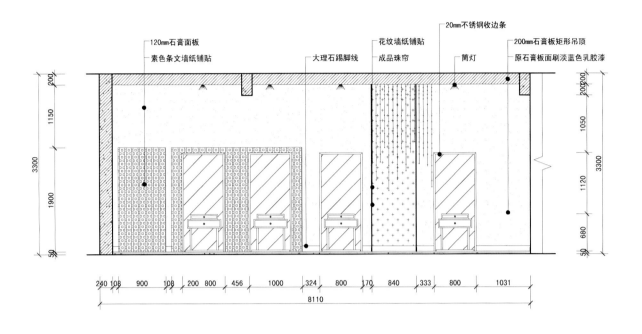

120mm石膏面板
素色条文墙纸铺贴
大理石踢脚线
花纹墙纸铺贴
成品珠帘
20mm不锈钢收边条
筒灯
200mm石膏板矩形吊顶
原石膏板面刷淡蓝色乳胶漆

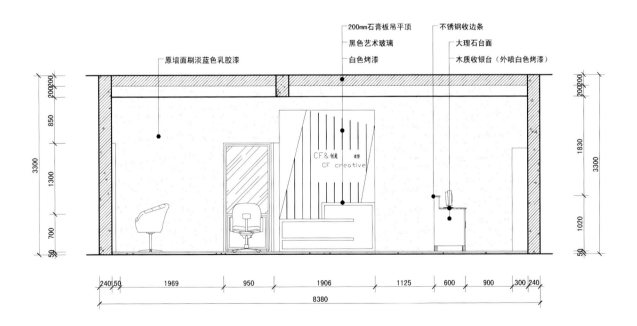

原墙面刷淡蓝色乳胶漆
200mm石膏板吊平顶
黑色艺术玻璃
白色烤漆
不锈钢收边条
大理石台面
木质收银台（外喷白色烤漆）

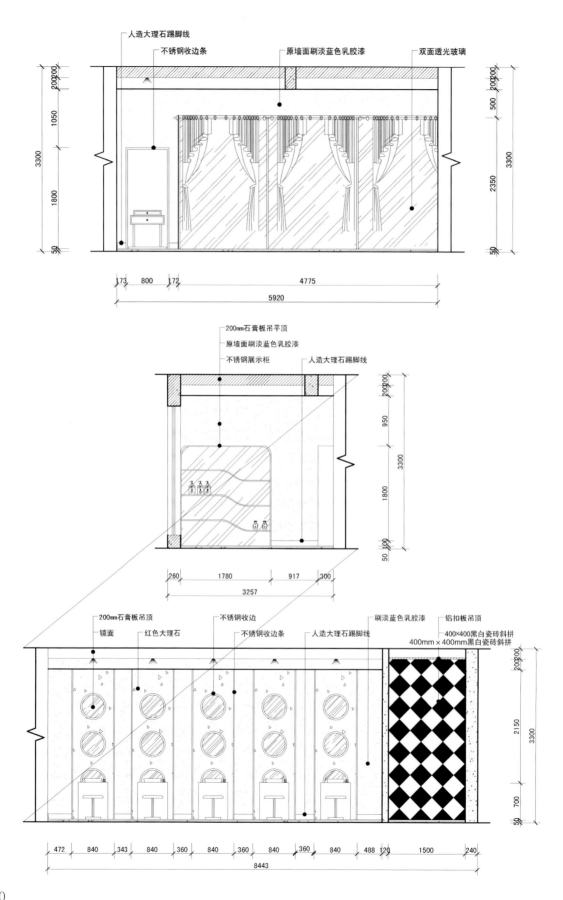

4.2 3ds Max效果图表现前期手绘沟通

3ds Max表现师现在已经发展成为室内设计行业中一个独立的职业，如果室内方案设计师与3ds Max表现师在前期沟通得很充分，则3ds Max表现师就能快速地理解方案设计师的设计思想，将方案表达得更准确，室内方案设计师所期望的效果就越容易得到呈现。

■ 效果图表现的角度

不同的设计主题对表现的角度有不同的要求，主要表现天棚造型和主要表现墙面造型的角度区别是比较大的，如果不清楚这一点，室内效果图就会存在很大的问题。

下面先分析一下不同效果图表现角度与方案设计师表现主题的关系。

视平线略低、视中线处于正中

视中线即视觉中心线，主要是指在一点透视中经过灭点的垂直线。对于比较庄严的设计主题，一般选用从正面去表现，视中线处于画面正中附近，画面左右比较平均，视平线略低。

这个角度比较适用于会议厅、大堂等。

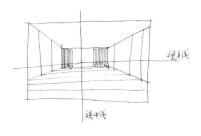

视平线偏低、视中线偏右

视平线偏低的效果图空间显得很高，透视感更强；视中线偏右时画面表现的重点就会左移。

这个角度表现力强，画面丰富而活泼，所以在各类效果图表现中应用广泛。如下图所示。

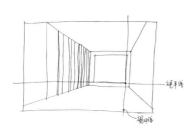

视平线偏高

当视平线较高时，画面的重心会落到地面，地面成为表现的重点。

很多效果图需要将地面作为表现的重点，这时就会将视平线提高。

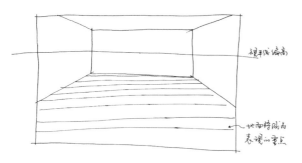

本方案所要表现的美发店，以天棚及左边墙为表现的重点，视点选在进门的位置，视线略向左倾斜，这样就可以既看到主要形象墙，又使店内的主要造型及空间的气氛得到体现。下面是沟通示意图。

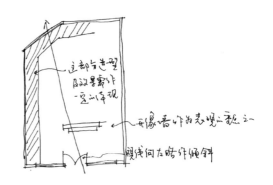

■ 效果图表现材质与空间氛围

本方案表现的是美发店，所以对材质及灯光的质感要求比较高，这需要在效果图制作前和3ds Max效果图表现师做充分的沟通，对于材质的肌理、灯光的效果等最好通过草图进行有效的沟通。

本方案通过效果图表现师的再创作，可以得到如下图所示的效果图。

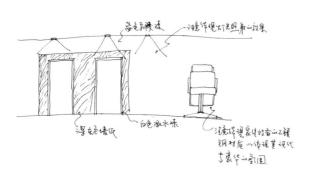

4.3／现场交底手绘沟通

虽然室内设计师会尽可能地将图纸画得非常详细，但终究不可能做到滴水不漏，所以在室内设计图纸经客户与设计师确认后，室内设计师还需要与项目经理进行现场交底，这是必不可少的程序，设计交底中主要是对一些细部尺寸、施工做法、材料等进行确认。

■ 平面图现场交底

本方案平面图中有很多需要确认的细节，如尺寸、局部材质等。

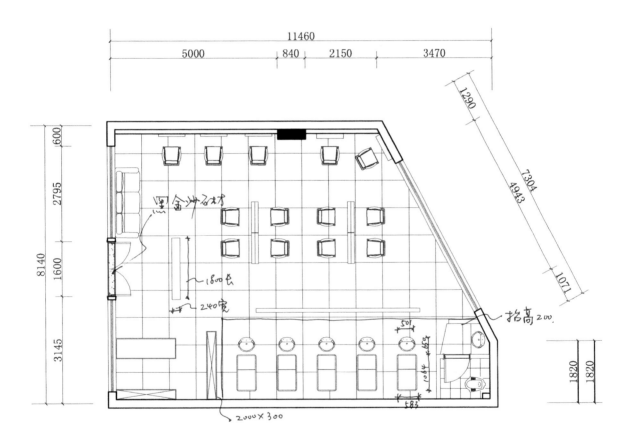

通过平面图现场交底，可以使项目经理（施工管理人员）对工程细节有更深入的了解，如门槛石的材质选择、洗头区抬高的高度，以及部分需要特殊交代的设备的具体尺寸。

立面图现场交底

立面图现场交底过程中更多的是对施工细节的详细说明。

形象屏风施工细节交底

此方案中屏风虽然有材质标注、立面图及效果图，但在施工细节上必须还要有更详细的现场交代，如下图所示。

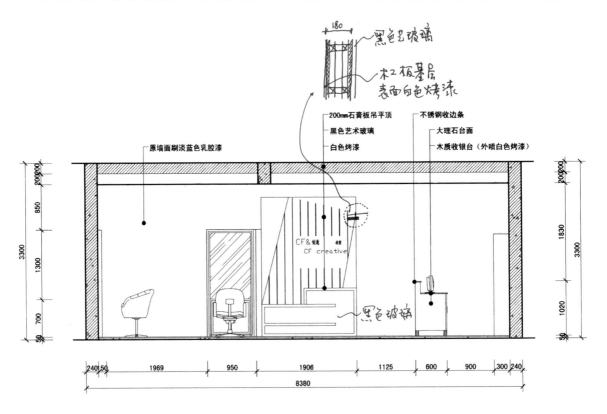

对于一些特殊的施工做法，必须通过详图的方式与项目经理交代清楚，否则工人在施工的过程中极易出错，例如本案中前台的石材与不锈钢包边之间的关系与常规的做法不同，需要特殊说明。如右图所示。

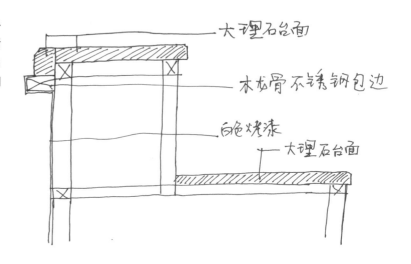

第 **5** 章　家居空间手绘方案设计

手绘方案设计因其独特的魅力，越来越被人们认可，已经成为优秀设计师必须要掌握的一门技能。手绘方案用其独特的艺术感染力传递着设计师的思想、理念和情感。手绘与设计师思维之间不需要其他媒介转换，人的思想与灵感可能是瞬间即逝的，手绘是记录设计师设计思想与创意最好的工具，它可以将所见、所思转化为抽象的形式，也可以将抽象演变成具象，经过反复地推敲、演变，达到最佳的表现形式。

- 家居室内设计的基本方法
- 单间公寓方案设计
- 两居室室内概念设计
- 大户型家居空间方案设计

5.1 / 家居室内设计的基本方法

■ 家居功能分析

　　家居室内设计中功能分析是至关重要的，因为室内设计的首要任务是满足功能，如生活、起居、工作、学习等。前期功能分析越透彻，后期留下的遗憾就越少。很多家居室内设计师在室内设计功能分析或设计时主要根据客户提出的要求进行设计，但这样做还不够，因为再有经验的客户也不可能面面俱到，作为职业设计师需要更全面地考虑到当前乃至未来的功能需求。例如，客户在室内装饰工程完成并交付入住一段时间之后，需要在楼梯转角处安装一个假山水景，但发现没有预留电源插座；再有，经常有客户发现天然气热水器来热水的速度很慢，要在橱柜下面安装一个速热热水器，发现没有预留电源插座，这些问题都会给客户的生活及使用造成一些不便。所以在功能分析阶段，一定要对客户的生活有更深入的了解，对未来的一些基本需求有一些预见性的安排。

■ 家居室内设计空间规划

　　人的大部分时间都是在室内空间中度过的，所以室内空间环境质量会直接影响到我们的生活质量、工作及生产效率，同时我们的安全、健康及审美需求都在室内空间中得以体现。家居空间设计是在建筑提供的结构、面积、朝向等空间基础上的再创造，掌握室内空间设计规划技能对室内设计师来说是非常重要的。

5.2 / 单间公寓方案设计

　　单间公寓是各地产商为了满足年轻白领过渡性居住，开发出的面积在25～45m²的小户型公寓。这部分人作为都市中自由、时尚的代表群体，往往十分注意生活的丰富性，品位也相当高，因此作为他们身心栖息的家也要特别注重品质。

■ 方案设计需求分析

　　客户分析： 李先生为单身，职业为IT工程师，年龄29岁，喜欢看书，收藏了很多书籍。

　　设计要求： 符合现代设计风格并加入新的设计创意与理念。结合平面图的特征，功能分区合理，造型新颖。同时考虑到单身公寓的特点，应该设置休息区和公共区。原建筑平面图如图所示，三角形位置为入户处，两小圆中上面一个是下水口，下面一个是排污口。

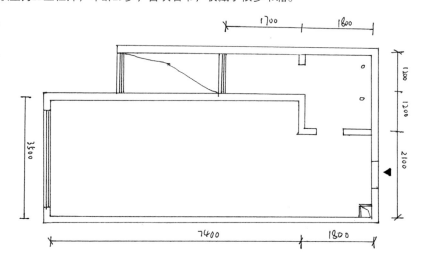

■ 方案设计思路与分析

此户型入户处视野开阔，入户后旁边有一个卫生间，卫生间旁边是一个晾晒区，没有多余的墙体，因此不需要考虑拆除墙体。

根据单身公寓的设计要求，其功能布局上要具备卫生间、厨房、客厅和卧室，其功能分区示意图如下图所示。

根据客户喜欢看书、收集书籍的爱好，尽可能地设计多的书架和储物空间。

设计时要考虑公共区域与休息区域的分区，注意空间的私密性。

业主是位单身男士，为了体现现代的设计风格，在色调上选用中性色彩（不宜选择太过女性化的色彩），材料和工艺上采用木质装饰材料和软装饰结合，营造出单身公寓独特的艺术风格。

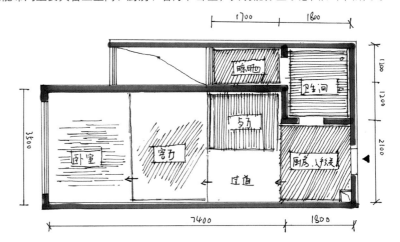

■ 平面布局及功能分区

根据空间布局示意图将平面图中的家具合理布置，满足空间基本使用需求。例如，餐厅需要有餐桌、椅子，客厅区需要布置沙发、电视柜，卧室需要布置衣柜、床等。

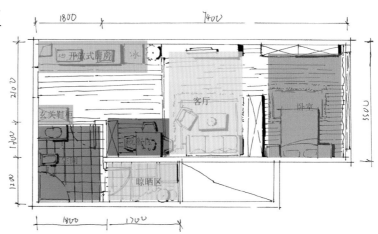

本方案根据业主需求，以现代简约风格为业主打造精致、低调的家居栖息空间，在整体色调上多用白色，家具的颜色多带一些男性色彩。入户左侧是简易开放式厨房，右侧则是鞋柜以方便出入换鞋；为了满足客户收集书籍的习惯，电视墙面做了书架造型的立面设计，卧室床对面的柜体也是可以用作收纳的书架组合。空间中更大的亮点在于，卧室空间与客厅空间之间的隔断采用了书架与衣柜组合的柜体设计，在卧室是衣柜，而在客厅则是书架。经过多次修改，完成的平面布局方案如右图所示。

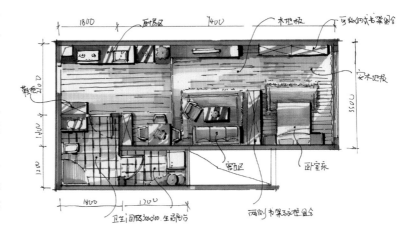

01 徒手绘制平面草图方案时，可以先将CAD图纸的原始平面框架图打印出来，以免自己徒手绘制时出现比例错误产生误差。在布局家具时需要注意家具的基本尺寸，不要画得过大或者过小。

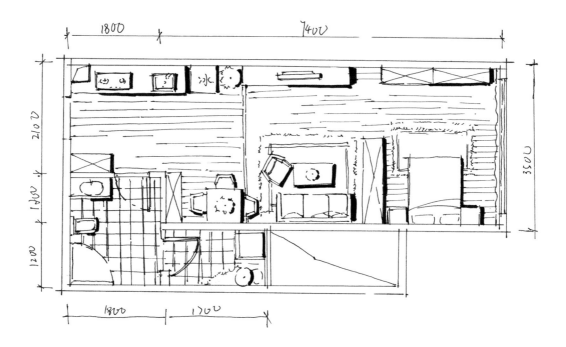

02 用马克笔简单地将空间做一些颜色搭配，注意此时的颜色只做大的色块铺垫，画出基本材质的颜色即可，比如地板为黄色、地砖为灰色、柜体为棕色。

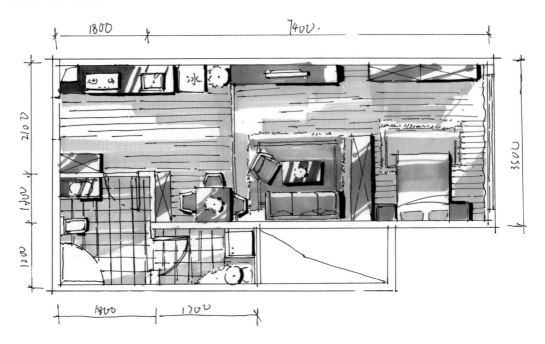

03 为了使画面更丰富，可以将空间中家具一侧的投影表示出来，注意整个画面投影的方向应该保持一致，家具与家具之间的地板颜色也要加深一个层次。然后将空间中所画出的内容用文字标示出来，这样在和客户交流时，客户就能够直观地看到整个空间的配色和布局，甚至基本的材料。

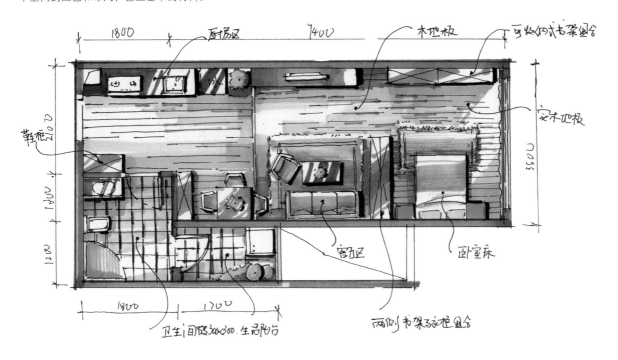

在小户型空间中，因受到面积小、层高低等因素限制，吊顶的处理通常比较简单，不会有太多的造型。在高品质小空间中吊顶会采用吊满顶、内嵌筒灯的手法，局部采用木材质做区域的分割。卫生间有防火防潮的功能要求，所以用铝扣板材质；餐厅用木质顶面，以划分餐厅与其他空间。

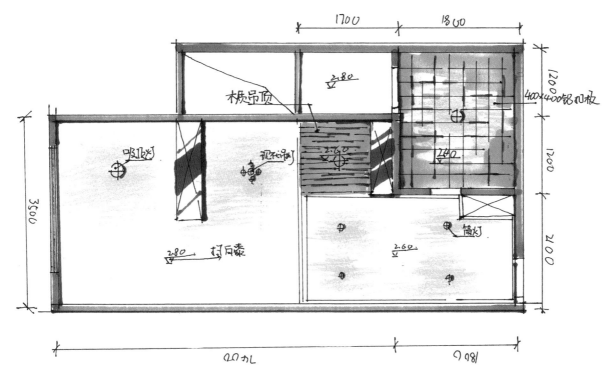

■ 客厅立面方案设计分析

电视墙整体做木质隔板，将电视机放置在中间位置，其他位置用于放置书籍和装饰品。在做隔板上的隔断时尽量无规律一些，这样在构成形式上比较有韵律感。

电视书架隔断现场制作，用红橡木饰面刷清漆以保持橡木的纹理，这样能够显出自然而有肌理的质感；电视柜由客户自行购买，建议挑选偏现代的造型，以使搭配更加和谐、自然。

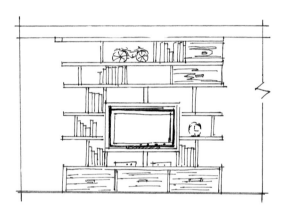

沙发右侧书架与卧室衣柜相结合，造型方式和电视墙隔断一致，在书架下面做一个假式壁炉，下面可安置取暖器，冬天在沙发上小憩时可以取暖。

客厅与卧室之间安装窗帘，作为晚上休息时客厅与卧室的隔断，既经济又实用。书架边缘和底部壁炉的隔板与其他饰面板使用与电视柜相同的颜色，以形成呼应关系；为了使空间色彩更统一，在选择沙发时也可以选用较深的灰色。

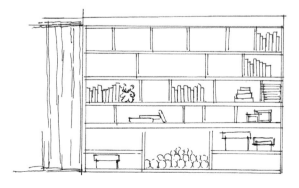

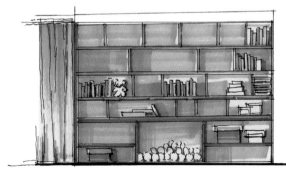

下面讲解整个客厅空间设计效果图的绘制方法。

01 根据平面图和立面图推出空间效果图，是设计师必备的一项技能，这个技能能够帮助设计师在谈客户方案时拥有更大的把握。在推效果图时首先要思考用哪种透视角度去表现，一般表达大型空间（如客厅）时用一点透视，而表达温馨的小场景（如卧室）则用两点透视。绘制线稿之前，最好用铅笔绘制出大的透视与比例关系。

02 白色的墙体在环境的影响下可选用暖灰色或者冷灰色做一些色彩变化。当大环境使用暖色时，局部地方可用冷色作为搭配，如右图中地毯的颜色。

03 增加环境的暗部色彩，这个阶段只是表现一些暗部的过渡色彩，并将空间中小饰品的颜色绘制出来，画框里画的内容可根据业主的性格，或者是室内的风格决定。

04 处理细节，增加光感，再次加重暗部。根据窗户光照的位置，卧室书架的地方可以画得虚一些，做一些留白处理，着重加重客厅书架处，然后可以用黄色铅笔在有灯具的地方随意做一些涂抹，表现黄色光影对环境的影响。

■ 卧室区域立面造型分析

　　卧室床对面的组合柜左面是推拉衣柜，可作为储物柜，也可以根据需要放置一些闲置书籍；组合柜右面则是做成组合书桌，此处既可以是办公桌也可以是装饰书架。

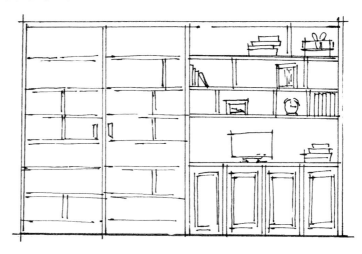

　　方案中衣柜和书架都选用相同材质，推拉门在定做时选择了几何暗纹，这个肌理的柜门具有很好的装饰效果。

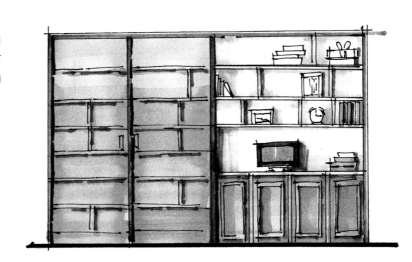

　　床边衣柜和书架一样，右面的窗帘有两个作用，一是作为卧室私密空间的隔断，二是作为衣柜的布艺柜门。在选用窗帘时可选用厚重的深色系以增加窗帘的厚重感，同时增加私密空间感。

床头背景墙立面效果展示如下图所示。

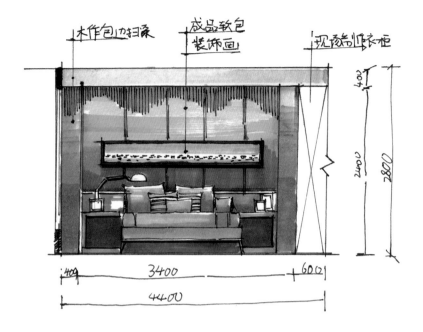

卧室空间效果图展示如下图所示。

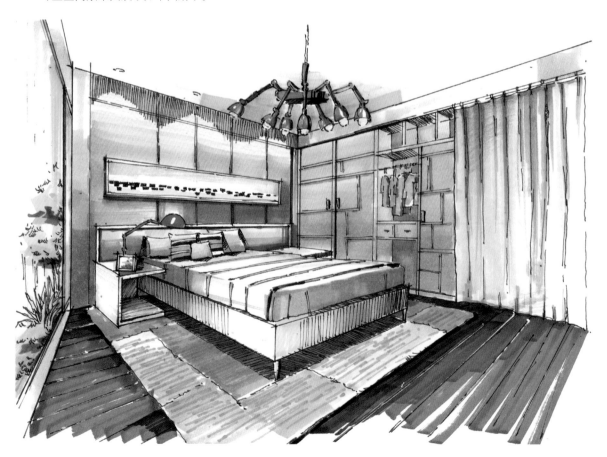

手绘表现

01 卧室效果图一般场景比较小，最主要的是表现立面墙体造型，而不是简单地在空间中放置床和床头柜等家具，因此最好用两点透视来绘制，这样能更好地表现床头背景墙、衣柜墙面以及带窗的一面墙体。

02 床头背景墙面用软包材质做造型，可选用与衣柜颜色相同的颜色，中间挂抽象装饰画。地毯选用比较有个性的黑白灰方格地毯，地板可以选择较深的颜色，显得空间色调稳重而低调，符合男主人对色彩的偏好。

03 为了丰富画面层次，可以加深画面暗部的灰度色彩，将窗外植物也分出基本层次，在上色时注意光照的地方颜色应变浅，或者做留白处理。

04 刻画窗户植物部分时，用冷灰色降低植物的纯度和明度，并用蓝色在玻璃上随手带过一笔，这样就让玻璃窗有了透明感。地板与地毯相接的地方可直接用黑色马克笔刻画投影，然后用白色高光笔（借用直尺辅助）增加地板缝隙的高光。

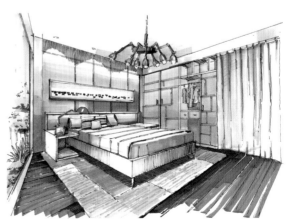

■ 卫生间立面设计

盥洗台台面以下用300mm×150mm的艺术砖铺贴，以上则用马赛克铺贴。

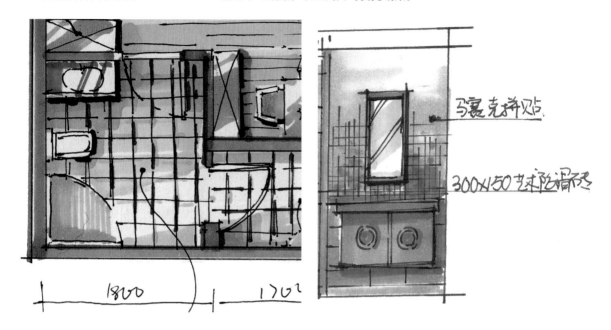

淋浴房用全透明玻璃围合。

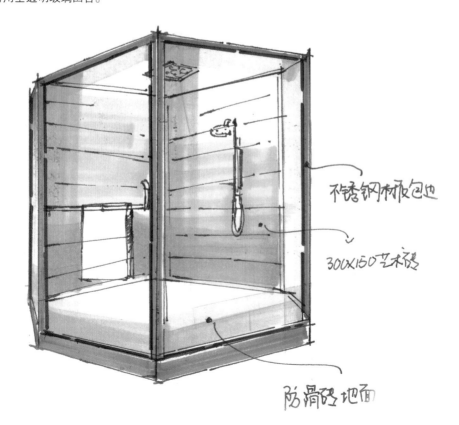

5.3 / 两居室室内概念设计

两居室是指有两个卧室的房间，空间中厨房、卫生间、书房等房间并不包含在计算范围之内。在当下两居室小户型非常受年轻人追捧，因为其作为婚房或者是创业期家庭过渡用房是很好的选择。在这类人群居住的空间中，设计时需要注意空间的年轻化，注重空间的温馨，不需要有过多奢华的情调。

■ 方案设计需求分析

客户分析：陈先生一家，陈先生29岁，职业经商，女儿3岁，家里常住人口3人。

风格定位：现代美式设计风格并融入新的设计创意与理念，女儿的房间设计要有一定的延展性，空间设计轻快明亮。

原始户型面积在90m²左右，设计要根据实际出发，从结构图上分析，空间功能分区要满足家庭生活需要，注意空间的实用性，最大化空间利用率，丰富空间功能性。

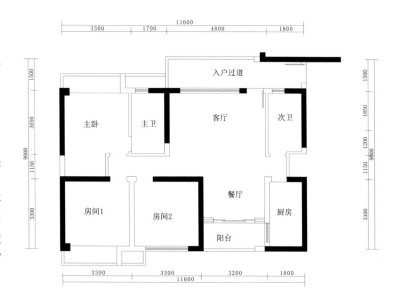

■ 方案设计思路与分析

从原始框架图上分析空间时发现存在着一些不足的地方，需要在设计上加以改进，如右图中红色所示的区域，厨房门与卫生间门相对，无论是从空间设计还是从生活习惯上讲多少都有些不合理；蓝色方块所示的餐厅在空间上比较狭小等。

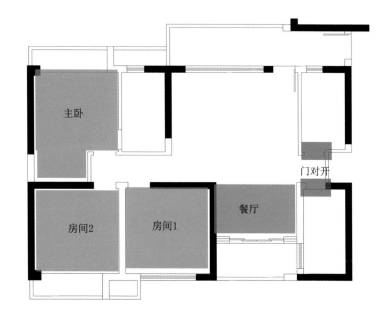

入户玄关狭长，有足够的空间作为生活阳台，因此将餐厅旁边落地窗打掉，将生活阳台纳入餐厅空间以增加餐厅面积；根据现代美式风格特点及客户的需求将厨房做成开放式厨房（将厨房与餐厅之间的墙拆除），对原卫生间的门砌墙做封闭处理，这样就可以直接从餐厅进入厨房，室内动线顺畅，视觉上也更开阔、大气。

原始户型有三个卧室，设计师根据陈先生要求，将"房间2"一分为二，其中一部分改造成主卧的衣帽间，这样主卧室功能性得以增强，非常受女主人喜欢；另一部分空间改造成"房间1"（女儿房间）的小书房，供女儿学习。

为了体现现代美式风格的简洁，不同于欧式风格用大面积金色或者黄色渲染奢华，本方案在设计时用大面积白色来营造轻快明亮的感觉，立面造型选用大面积木材或者石材。经过墙体的拆除和新建，得到的新的平面框架图如右图所示。

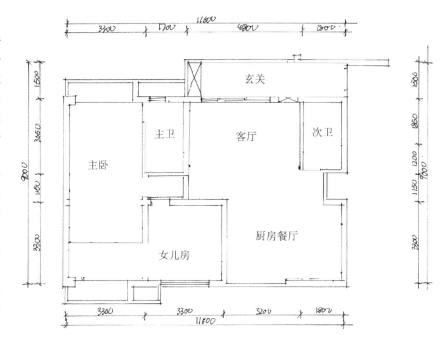

■ 平面布局及功能分区

根据新的空间功能规划，室内各房间功能布局如右图所示。

本方案运用现代美式风格设计手法，打造空间轻快明亮的视觉享受。空间中没有过多修饰与约束，不经意间透露着一种休闲式的浪漫；在家具上没有追求新奇和浮华，强调简洁、明晰的线条和优雅、得体、有度的装饰；开放式的厨房，立面上仿古面的墙砖和白色木扇门无不透露出美式风格特点。卧室空间主要以功能性和实用舒适为考虑的重点，墙面铺满壁纸，温馨处处可见。经过多次思路的整合和讨论，完成平面布局草图方案。

01 采用手绘平面草图方案时，可以先将CAD图纸的原始平面图打印出来绘制，这样更容易把握空间的尺寸与比例。线稿画完后需要用黑色马克笔在家具一侧增加投影，丰富平面图的立体感。

02 用浅色马克笔为木地板平涂上固有色，有窗户的地方可适当留白，然后用深色马克笔加深地面铺装的暗部，丰富地面颜色层次。

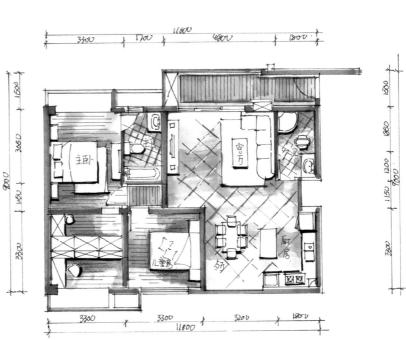

03 给平面家具上色，上色时注意家具颜色搭配，颜色不宜过多，色彩适当做一些冷暖搭配。

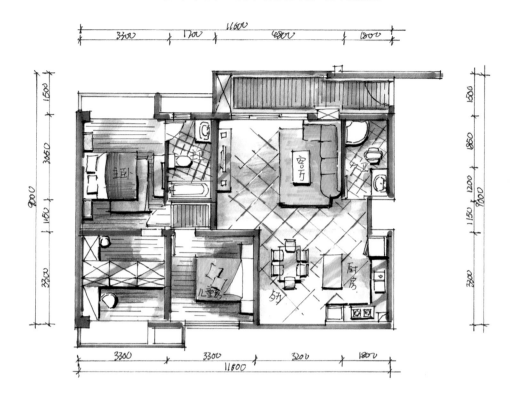

　　顶面用木材质和石膏做吊顶装饰，木质吊顶主要用于玄关和餐厅部分。儿童房石膏吊顶的四个角做成圆形造型，可增加儿童房的活泼感。

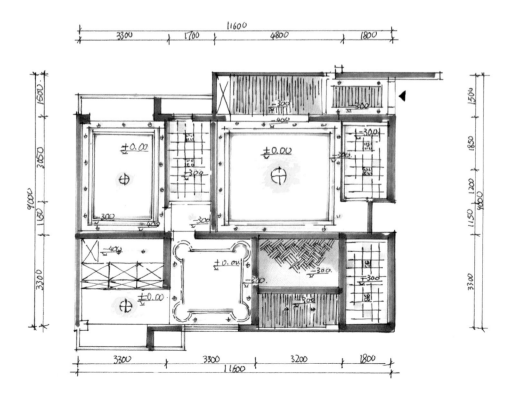

■ 客厅和厨房立面设计

　　开放式厨房立面选用仿古面的墙砖，以马赛克做腰线，柜门则选择用木质柜门，让整个空间与餐厅结合在一起，材质相互呼应，木质吊顶将餐厅和厨房围合在一起，有浓浓的美式乡村风情。

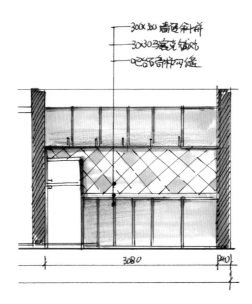

　　电视背景墙受墙面面积的约束，立面造型不能太过于复杂，墙面石膏板做成拱形门造型，中间用大理石石材拼贴；沙发背景墙则是用木材做整体造型，并刷白漆，墙面上悬挂两幅与装饰风格相适应的装饰画，如效果图所示。

01 本方案更合适用一点斜透视（也称微角透视）的表现手法表现客厅、餐厅与开放式厨房的关系，这样从整张效果图可以清楚地看到客厅空间立面所要表现的内容，如电视墙的造型、背景墙面以及吊顶的处理，同时开放式厨房和餐厅的空间关系也得以展现，画线稿过程中注意近实远虚的整体空间关系。

02 在用马克笔上色时白色的木作墙裙以及电视墙石膏造型用暖灰色表示，地面的仿古砖以及电视墙大理石材用黄色马克笔绘制，沙发可以用浅冷灰色系来加强空间颜色的对比，用家具来增加美式风格的现代气息。

03 用同类色马克笔增加空间固有色的暗部，在表现暗部时方向应该一致（都背朝窗户），然后将空间中饰品、灯具及装饰画的固有色绘制出来。

04 刻画细节增加光感，在表现细节的时候要将每个面、每个物品的黑白灰关系刻画出来，时刻注意画面色彩的整体关系，刻画地毯时需要用马克笔或者是钢笔用小短线画出其毛绒的质感，这是刻画细节的关键，这一阶段可以适当地运用同类色彩色铅笔来柔和画面空间。

■ 卧室立面设计

床头背景墙沿用传统的美式风格，用石材做菱拼造型，整个房间显得整体、统一、大气。

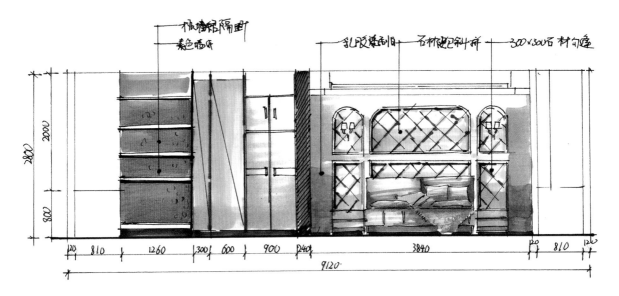

顶面采用方形跌级吊顶，卧室空间设计效果图如下图所示。

01 在画线稿时可以用垂直的排线画出灯光在立面上的暗部区域，在家具底部加上与透视方向一致的排线表现阴影，为马克笔着色做准备。画线稿时为了清楚地表示空间中设计的内容和摆放的家具，可以适当地将空间视觉做放大处理。

02 先将房间内整体色调平铺出来，卧室在上色时尽量用暖色以表示温馨的空间。床头硬质软包和窗帘都选用黄色的同色系，床头背景墙的欧式木质线条包边和墙面乳胶漆用暖灰色绘制。地板选用的是深色实木地板。

03 丰富画面层次，用同类色马克笔加深环境中的背光部分，比如地板用深棕色将靠近画面里边的部分加深，背景墙面硬质软包由下至上依次变浅，在有灯光处留白，然后将地毯和吊顶用冷灰色加深，与房间中暖色形成对比。

04 刻画细节，用黄色铅笔将筒灯照射到墙面上的光表示出来，越接近光源处颜色越深。画面中的抱枕、台灯以及电视柜上的装饰品此时都要一一刻画，注意颜色的选择和搭配，然后用彩色铅笔柔和整个空间色彩，让空间色彩均匀。

儿童房立面设计

　　儿童房空间充满童趣，首先床头背景墙运用了当下比较流行的墙绘，根据儿童的年龄绘制了一个比较有童趣的墙面绘画，此外空间中设计了一个简易书架，方便儿童放学后回家写作业、上网等。

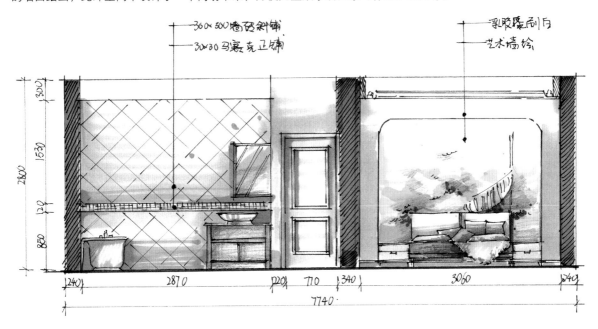

　　现场制作嵌入式衣柜和书桌一体，同时将榻榻米升高和休息区域分开，右面是入户，摆放了一张床，床头是富有童趣的儿童墙绘，床的另一头则是规则挂放的装饰画。整个空间用粉色壁纸装饰，地上、书架上随意散置的玩具娃娃，以及顶上的似耳朵形状的吊顶，处处透露着童真童趣。

01 在绘制线稿时，注意顶面的曲线造型要流畅。木地板的线条由近及远不一定要是连续的，可以适当断开，因为在光线的变化下地面的线缝会出现虚实的变化。在画比较柔软的物体时，可以采用以点代面的方式表现。

02 用马克笔画出物体的固有色，墙面是粉红色卡通壁纸，所以用粉色马克笔由下至上依次上色；地板用浅棕色马克笔向消失点的方向运笔平涂，在投影处可做适当反复以加深色彩；书架和书桌椅用暖灰色加深以增加画面对比色；床头处则用暖色马克笔绘制抽象图案。

03 增加画面层次感。用重色马克笔加深画面背光部，然后用红色铅笔将不柔和的粉红色墙面均匀平涂，让粉色看起来明度没有那么高，地板的深色由画面中心向外边依次变浅。

04 刻画细节增强明暗对比。这个阶段要刻画每一个面的细节，比如墙面壁纸用深红色马克笔加上一些小碎花，增加壁纸的质感，增加衣柜边线的厚度，以及毛绒玩具的质感等，这些都是丰富画面层次感的重要因素。

5.4 大户型家居空间方案设计

　　大户型是指建筑面积大、楼盘售价高、容积率较低的住宅户型。大户型套内面积通常在100m²以上，多以三居室、四居室以上的居住空间为主，是以家庭为单位的改善型居住空间。购买大户型空间者多以改善生活质量为目的，因此在设计时要注重功能的完整性，关注购买者的精神需求；大户型更注重室内空间中的视觉效果，在空间中配色多样化，家具造型复杂，在设计风格上倾向于欧式、中式等；在功能布局上，各空间的联系相对独立，可以适当留出一些缓冲空间，让整个空间看起来比较大气；在立面造型方式上，材料选择尽量使用大面积、大体块，使之更简洁、更整体。

■ 方案设计要求

　　客户分析：古先生一家，古先生38岁，职业经商，儿子12岁，家里常住人口3人，双方父母会偶尔过来生活。

　　客户要求：现代简约欧式设计风格并加入新的设计创意与理念，需要有一个独立的书房。客厅空间造型符合欧式风格特点，空间配色多样与统一相结合，空间装饰品需要有文化底蕴和文化内涵。

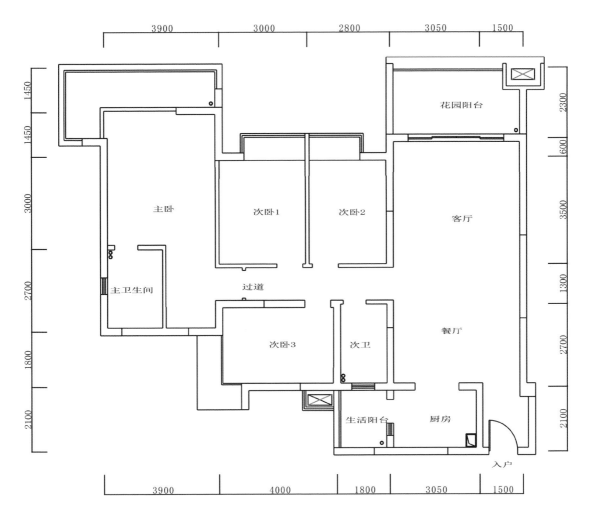

■ 方案设计思想与分析

从原始框架图上分析出各生活空间相对独立，空间内没有多余墙体，属于相对合理大众的空间。但是也有一些不足的地方，还可以将一些空间的作用发挥到最大化。比如，连接卧室之间的过道相对来说过于狭长，卧室空间满足基本生活需求后显得较小。

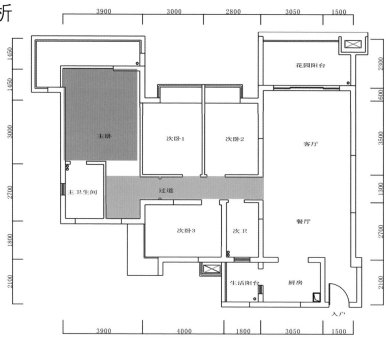

修改方案是在过道中间新建一面墙体，将过道一部分空间纳入主卧做成衣帽间，并将卫生间的门换到衣帽间这边。

次卧空间相对于家庭成员来说比较多，刚好可以满足男主人对书房的需求，拿出一个房间做成主人的书房。将紧挨主卧的房间作为书房，并将书房纳入主卧空间，从书房里做一扇隐形门通往主卧，这样不仅增加了主卧空间，也满足了主人私人书房的要求。

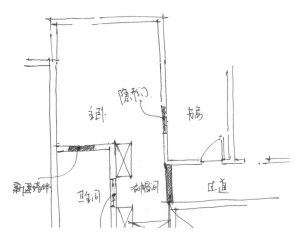

从风格上讲就是，用现代简约的手法通过现代的材料及工艺重新演绎，营造欧式风格的浪漫、休闲、华丽、大气的氛围。设计时大面积用白色或者米黄色等浅色为主要色彩，家具摆放上选择对称的形式，颜色选择深色，并带有复杂的曲线感。为了形式和颜色的统一，布艺应选择厚重的丝质面料，显得比较高贵。立面造型的线条可以稍微简单一些，而为了和线条统一，装饰画边框多用复杂的欧式画框。

平面布局及功能分区

根据前面的分析调整，重新划分房间功能布局。

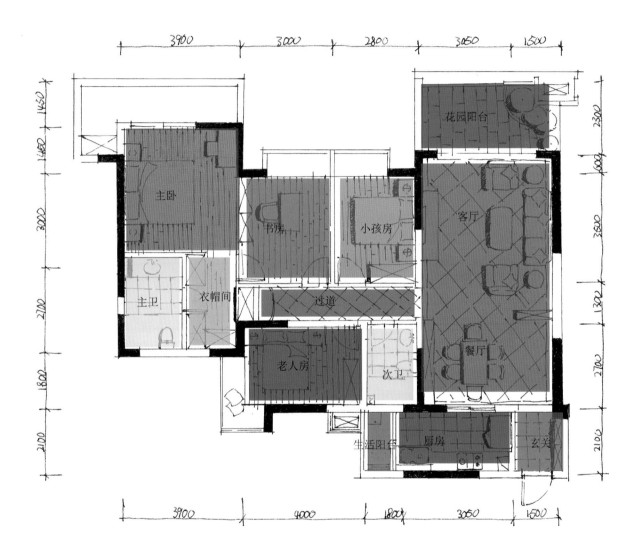

　　本方案是四室两厅两卫大户型空间，为了满足客户需求将一个房间用作书房，另外有一个老人房和一个小孩房，经过多次思路的整合和讨论，运用简约欧式风格打造简约而精致的生活空间，摒弃了过于复杂的肌理和装饰，简化了线条，整个装饰空间既休闲又带有小资情调，不仅能满足客户正常的生活品质，还满足了客户较高的精神享受，平面效果图绘制方法如下图所示。

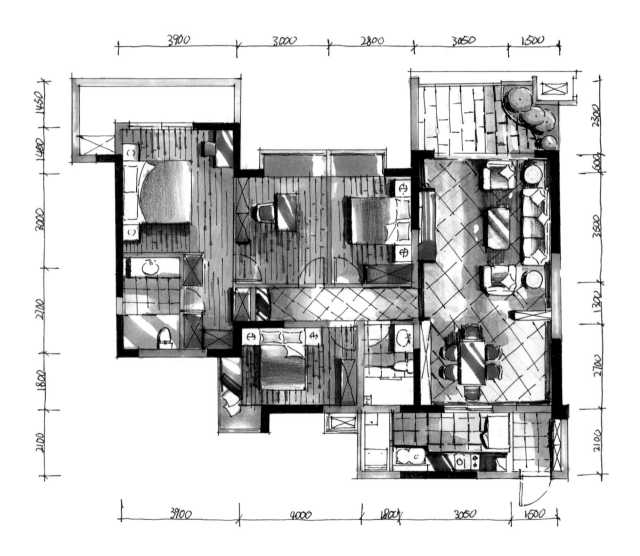

手绘表现

01 徒手绘制平面草图方案时，可以先将CAD图纸的原始平面框架图打印出来，以免自己徒手绘制时出现比例出错，空间产生误差，导致以后在画CAD施工图时产生错误。在布局家具时需要设计师具备家具基本尺寸感。

02 用棕色马克笔以平涂的方式画出地板的颜色，注意方向要和地板铺贴的方向一致，接近家具的地方用笔略重或适当重复，地砖的颜色可以选一些浅颜色，例如暖灰色、冷灰色。

03 用同类色中的深色马克笔加重深色，增加平面图的立体感，然后适当地给空间中的家具上色。有些方案草图在表达时把铺装部分刻画得非常详细，而家具部分则弱化，这种表达方式也是可以的。

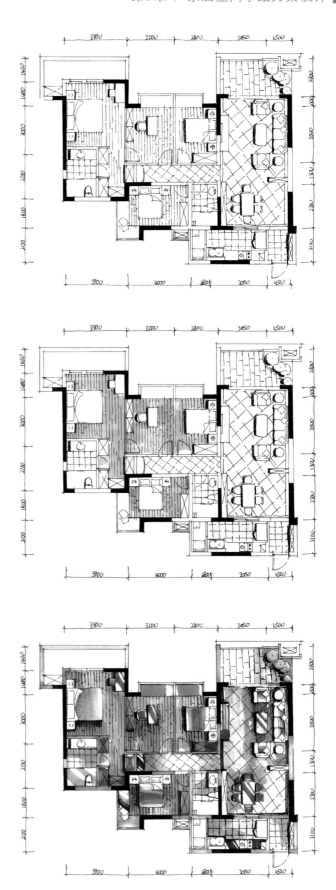

■ 顶面设计

　　本方案为简约欧式风格，吊顶主要是以浅色为主、深色为辅，清新淡雅的视觉效果更能被大多数人所接受。餐厅和客厅的吊顶沿用现代简约风格，加以欧式线条辅助，淡淡的欧式情怀扑面而来。过道上的吊顶选用石膏线和弧形，基本奠定了欧式风格的高雅及温馨。客厅阳台和卧室阳台用重色生态木吊顶，即体现了欧式乡村味道，又有回归自然之感，顶面设计图如右图所示。

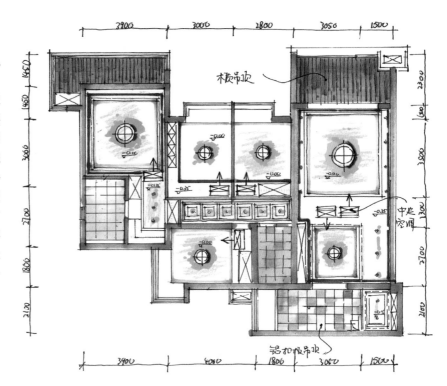

■ 地面铺装设计

　　本案例采用瓷砖和木地板铺装不同的空间，或沉稳、或高贵、或华丽、或大气，和简约欧式风格家具搭配，营造华丽高贵的简约欧式家居设计风格。欧式风格中地砖多采用线条收边，中间用菱拼的铺装手法，选用的地面砖也多为仿古，体现低调而古朴的视觉效果，用颜色较深的实木地面体现空间的稳重和奢华，材质铺装如右图所示。

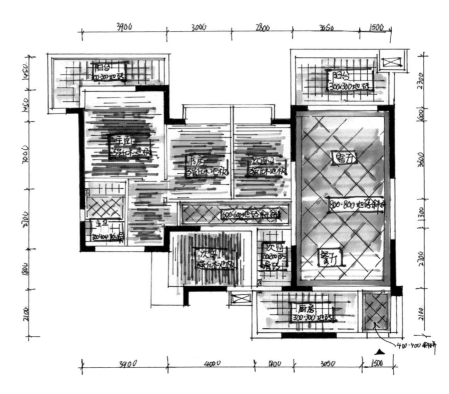

■ 方案草图立面设计

电视背景墙设计

　　大户型空间立面设计更注重整体效果，电视背景墙既有欧式简洁的线条包边，又有现代风格中石材的整面铺装。电视柜选择白色的简约欧式造型，两边的立面装饰选用欧式壁灯。

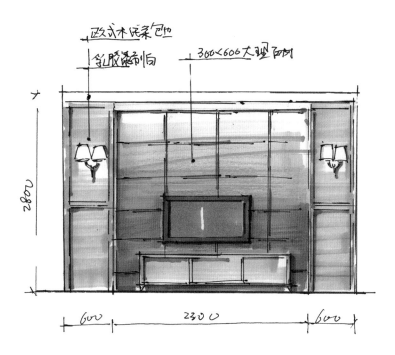

沙发背景墙

　　沙发背景墙面刷米黄色乳胶漆，选用线条烦琐、厚重的画框做装饰，这样能和简单的吊顶和墙面线条产生对比。

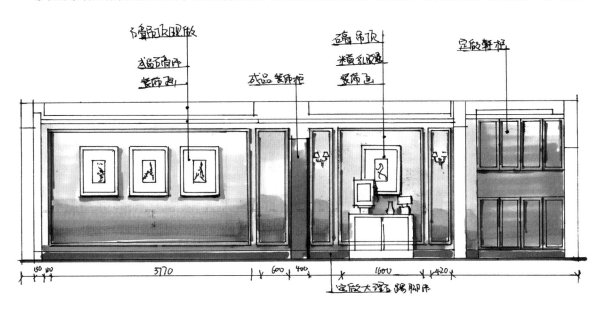

结合平面、顶面、立面设计，整个客厅空间效果如下图所示。

01 效果图要尽可能清楚地表现平面空间里的家具及其摆放的位置。在画线稿时一定要表达清楚墙面、吊顶的造型，这样在与客户交流时，客户能直观地感受到家的硬装方式。同时要分清主次关系，在本效果图中主要是表现客厅效果，餐厅效果在细节上不用刻画得过于细致，以免喧宾夺主。

02 用马克笔上色时，白色的墙体在环境的影响下可选用暖灰色或者冷灰色做一些色彩变化。电视墙造型采用了大面积石材及欧式石材线条包边，在上色时一定要注意这个细节。在使用马克笔上色时应该注意画面的冷暖搭配。

03 在用马克笔进行第二遍上色时，注意刻画环境的暗部色彩，这个阶段重点表达一些暗部的过渡色彩，然后将空间中小饰品的颜色绘制出来，较稳重的深色系沙发用冷灰色降低蓝色的纯度。

04 在刻画细节增加光感阶段，可以再次加重暗部，如在台灯的暗部增加一些棕色环境色以增加台灯的质感，远处隔断用深色加深暗部缝隙，简单处理细节。

■ 卧室立面设计

床头背景墙设计

在简约欧式风格中，用软包造型更能体现欧式风格在空间中的柔情。软包的拼法有很多种形式，菱拼是典型的欧式风格处理手法。

衣帽间立面设计

根据平面图所示，衣帽间做成开放式空间，和卫生间门定做成一个整体，让其隐藏在柜体当中。

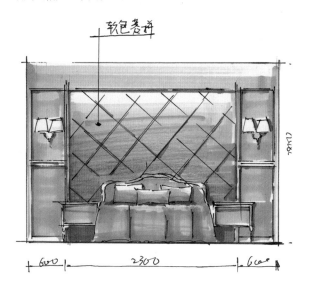

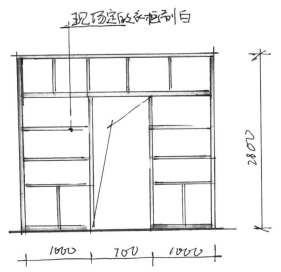

卧室空间效果图展示如下。

01 卧室效果图一般场景比较小，主要是表现立面墙体及顶面造型，而不是简单地在空间中放置床和床头柜等家具，因此最好用两点透视来表现。处理线稿时墙面装饰画在近处，为了展示风格的特点，可以将画面细节做深入刻画，比如复杂的画框线条，甚至带有欧式风格的风景油画等。

02 在马克笔上色阶段可以先将房间内的整体色调平铺出来，卧室在上色时尽量用暖色体现温馨的空间。床头软包、墙面乳胶漆和窗帘都选用黄色同色系颜色，床头背景墙和欧式木质线条包边用暖灰色表现，深色实木地板用深棕色表现。

03 丰富画面层次，加深画面暗部的灰度色彩。窗户外的风景表现方式有两种，一种是白天，另一种是夜间，本方案用夜景来表达窗户外景色，用深蓝色和冷灰色由上至下画出窗外的颜色层次。

04 用冷灰色刻画窗户植物，降低植物的纯度和明度，然后用高光笔将窗棂提亮，并用黑色画暗部增加窗棂的厚度，接着用黄色铅笔在台灯罩下画出黄色光影，表示是夜间场景，最后用高光笔沿着深色地板缝隙提出地板高光，增加地板质感。

■ 书房立面设计

书房左立面

　　墙面用米黄色乳胶漆饰面，采用白色木质踢脚线，书架部分柜门用榉木饰面，隔板和搁架部分则用深灰色漆，营造一种浓郁的现代欧式情怀。

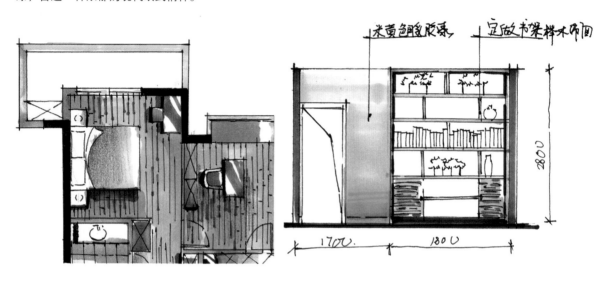

书房右立面

　　右立面正面墙体是整个书房的亮点，墙面刷红色乳胶漆，与金属边框装饰画相互辉映，整个书房空间无不透露着现代气息。

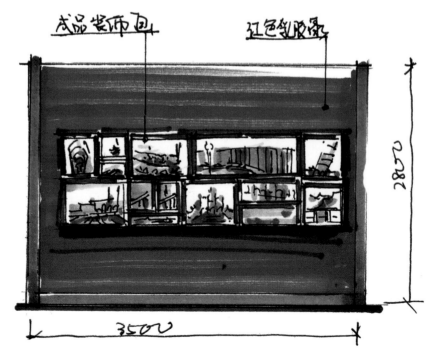

书房效果图如下图所示。

手绘表现

01 用两点透视表现书房空间，左面墙体表现内容较多，注意画面的角度，尽可能多地展现想要表现的内容。根据立面图分析，整个立面造型比较偏现代气息，为了符合简约欧式风格特点，在选用家具时，应该选择带有欧式线条的家具，比如书桌和椅子就是比较典型的现代简约欧式家具。

02 用马克笔画出环境的固有色，墙面是米黄色乳胶漆，用浅黄色马克笔由下至上依次上色，上色时注意下面用笔可以密集一些，向上可以逐渐稀疏。地板用深棕色马克笔向消失点的方向平涂，在投影处可反复加深以，书架和书桌椅用冷灰色加以深增加画面对比色。

03 增加画面层次感。用重色马克笔画物体的背光部及投影部分，同时将空间中植物绘制出来，窗户外的植物用冷灰色降低纯度，让其和室内空间其他色彩产生对比。

04 刻画细节时需要增强明暗对比，如加重植物的暗部，并将窗外的植物枝干画出来。顶面上用浅浅的暖灰色润色，丰富画面。

第6章

公共空间手绘方案设计分析

室内设计说到底是"空间"设计，空间设计是整个室内设计的核心，而公共空间设计尤其能体现空间设计的价值所在。有一种通俗的说法是，在公共空间室内设计中完成平面图设计（室内空间规划设计）即完成了整个项目设计的一半。在公共空间设计中手绘因其方便快捷，在方案设计的方向（方案）规划阶段是重要的表现手段。

- 酒店套房手绘方案设计一
- 酒店套房手绘方案设计二
- 小型办公室手绘方案设计
- 儿童摄影馆手绘方案设计
- 小型茶具专卖店手绘方案设计

6.1 酒店套房手绘方案设计一

度假酒店是以接待休闲度假游客为主的，为休闲度假游客提供住宿、餐饮、娱乐等多种服务功能的酒店。与一般城市酒店不同，度假酒店不像城市酒店多位于城市中心位置，如海滨度假酒店主要面临大海，向旅游者们传达热带浪漫风情，因此在设计此酒店包房时可涵盖海滨文化，构建海滨文化生活方式，提升度假品味。

■ 方案设计要求

要求1：本方案原始空间室内面积40m²左右，需要设计海滨度假酒店套房，主要是为较成功人士家庭提供度假、聚会与休息的场所。

要求2：设计风格不限，设计时应和地理环境结合，做到因地制宜。

要求3：设计品位高端，设计元素浪漫，满足酒店高端定位。

■ 方案设计思路与分析

如泡泡图所示将空间划分为三个区域：入户区、休息区和观景区。入户区设计玄关、厨房及卫生间；休息区设计卧室、书房、沙发和电视墙。每个区域都相互关联，视觉通透。此外，观景阳台作为一个单独的空间用于驻足观景，不亦乐乎。

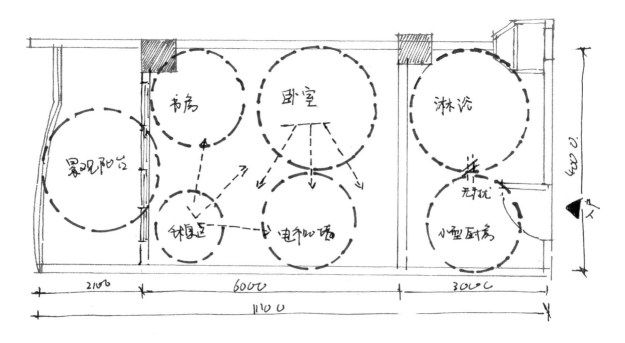

■ 平面布局及功能分区

将泡泡分析图进一步深化设计得到新的平面布局，从平面布局中可以看到，入户空间中有开敞的小型厨房空间，以及单独隔开的卫生间，卫生间里大的浴缸与卧室空间仅隔一层磨砂玻璃。起居室里有卧室区、书房区及休息区，和家没有什么区别。阳台没有做过多的处理，仅青石砖铺面，一张椅子、一杯茶，便是一个世界。

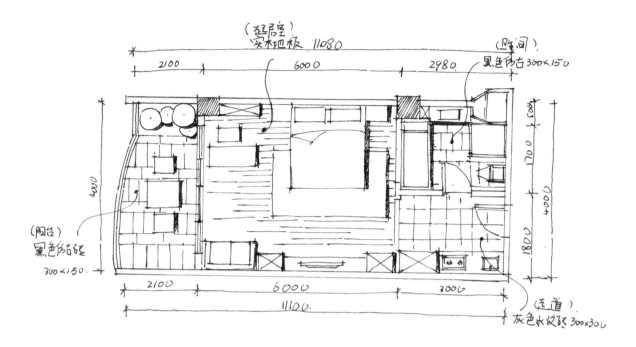

　　本案作为海滨度假酒店套房，目标客户人群为成功的商务人士。本设计采用现代中式风格，加入了现代低调奢华的宁静元素，房间中的青石砖铺面以及吊顶都使中式风格得以完美呈现；大面积运用的深灰色和室内材质的碰撞，正如现代文明与传统文化隔空凝望，安静而祥和。空间中功能布局按照家庭基本功能分区布局，让游玩一天的旅客享受到宾至如归的感觉，夕阳红云，轻倚阳台，轻抚栏杆，远眺大海，一切繁重的工作、憔悴的心情都将烟消云散。

　　平面布局方案草图如下图所示。

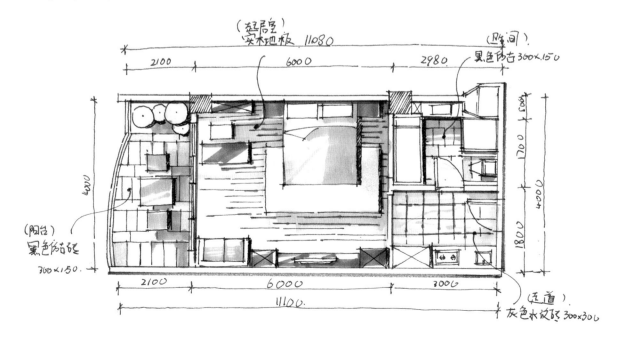

手绘表现

01 当公共空间中的铺装较为简单时，在画草图方案时家具布局和铺装可以并置在一张图上。画材质铺装时不用画得很满，让家具布局成为主要物体，然后用文字将主要区域和地面材质标记出来，接着用深色马克笔或者针管笔沿着背光部的方向为平面家具绘制投影，表现家具的立体感。

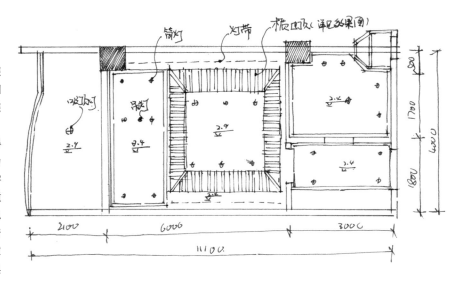

02 增加地面铺装色彩。根据阳台光照方向，将背光部分着重加深，受光部则适当留白，这样不仅可以表现画面光感，还可以让画面显得较透气，不至于沉闷。

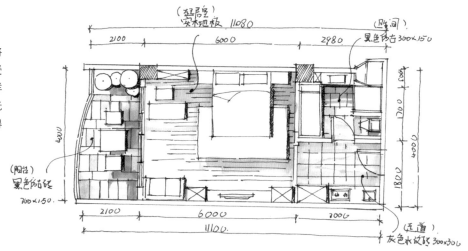

03 适当给画面增加一些细节，家具可以简单着色，颜色选择需要和整体色调相协调，不宜选择过亮的色彩，或是颜色搭配过花。

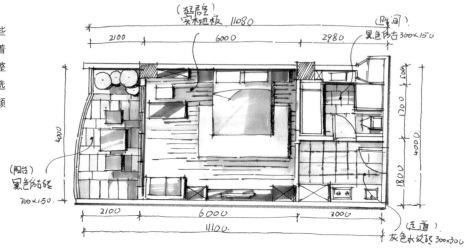

■ 吊顶设计

吊顶要根据平面的功能分区进行设计，做到吊顶与地面空间呼应，共同营造空间环境。本方案整个空间采用吊满顶的方式，降低层高以体现卧室温馨浪漫情怀。卧室为主要的吊顶区域，为了体现浓浓的中式情怀，采用传统的中式木质吊顶，具体效果见全景效果图。灯具设计全采用筒灯，在书桌区域根据书桌的摆放位置设计吊顶，以满足读书写字时对灯光照明的要求。

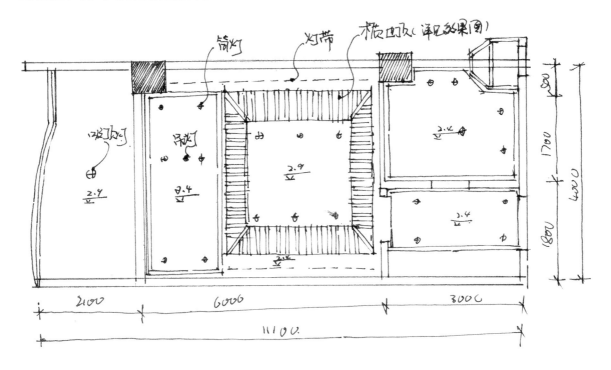

■ 立面设计

床头背景墙两端做中式隔断，中间采用竖向条纹软包以增加空间的高度延伸感。在装饰画的搭配上，选用横向长幅中式绘画来丰富立面效果。

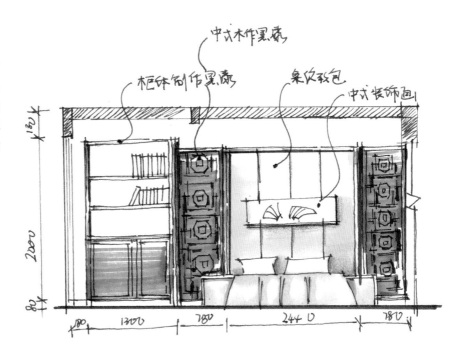

　　入户门进来两边分别是小型厨房和淋浴间，随着视线越来越清晰的是卧室空间及书房区。各功能区域看起来即有视觉上的分割又有联系，效果如下图所示。

手绘表现

01 用两点透视表现酒店客房空间会使空间显得更生动，线稿图应尽可能地将现代新中式空间元素表达清楚，尤其是电视墙面所设计的书柜和电视墙的关系，画面近处临时阅读空间与休息区细节则可以不用画得那么详尽。

02 用深色表现衣柜和书桌的厚重感，吊顶的暗部也可以用深灰色绘制，但注意用笔要有变化，不要"涂死"。为了形成色彩的对比关系，墙面和床选用暖色。

03 用画面中固有色同类颜色的深色加重画面中家具的背光部，背光面要统一在画面物体的右侧。顶上中式穹形吊顶用深灰色表现，但是在光的照射下颜色不能全部涂抹成黑色，以免显得空间太闷。

04 刻画细节阶段不需要大面积使用深色来增加画面明暗对比。将空间墙面金色壁纸的暗纹和底部色彩表示出来，暗纹的图案要画得抽象、弱化，用点方法表示即可；中式抱枕的花纹用针管笔做局部描画；深色衣柜和书桌表面质感极其光滑，在灯光照射的作用下高光特别明显，可用高光笔沿着柜体或者书桌边缘画直线以呈现其光感。

■ 卫生间设计

　　卫生间墙面运用仿古砖贴面，墙面上随意拼贴金色海贝似的中式扇子，迎合了海边度假酒店的特点；浴缸选用稍高的款式，能透过旁边的玻璃窗看到外面的家人正慵懒地躺在床边看杂志，是多么的浪漫又神秘。盥洗盆选用深灰色，既现代又复古。

01 用两点透视表现卫生间效果图，卫生间面积较小，高度和空间深度相当，将视平线定得稍微高一些，家具比例稍微大些，显得空间紧凑。墙面上灯源按照透视原理故意留白，将其周围用线条画上阴影。

02 在用马克笔上色阶段，注意墙面仿古砖面颜色偏灰暗，可用灰绿色马克笔平涂上色，在柱子和镜面右侧分别加重涂抹区分出受光面和背光面，在墙面筒灯照射的光源处留白。

03 在用马克笔二次上色阶段，要加重空间中家具的背光面。颜色较浅的地方用深一号颜色的马克笔表现，固有色原本就比较重色的地方可用同一只马克笔在背光面反复涂抹，增加对比关系。画百叶窗帘时马克笔要断开绘制，避免将线条画得过死，影响整个画面。

04 刻画细节阶段要增加画面的光感。表达光感的方法多种多样，如在表面反光较强的盥洗台面和墙面青石砖上增加几笔高光线，在筒灯照射的光源下用黄色铅笔增加光的颜色。

6.2 酒店套房手绘方案设计二

酒店设计中为了满足不同客户的需求，往往会设计很多不同风格乃至主题套房，这样可以吸引更多的客户下榻。

■ 方案设计分析

本案例设计方案为家庭套房，设计上应尽量满足家庭套房使用功能及温馨的氛围，以放松度假的心情，更好地享受浪漫时光。分析泡泡图时根据主要功能划分出三大区域，即生活区（包含卫生间和入户换衣区）、卧室区（包含大人和小孩休息的床以及电视墙面）和阳台区（包含洗浴池和沙发小憩一角）。多在草图上画几次不同方案的泡泡图，再选择合理的泡泡功能图以得到更合理的平面布局图。

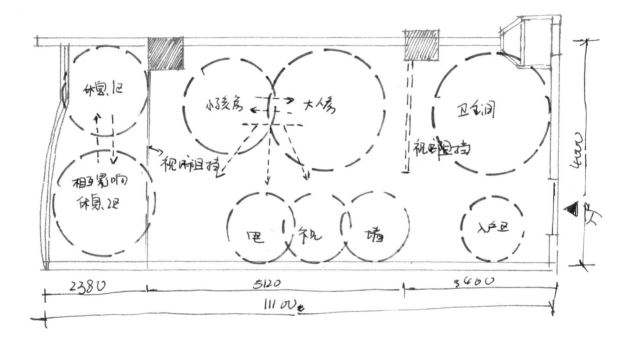

■ 平面布局及功能分析

根据泡泡图分析得到新的平面布局，如下图所示。入户左侧是衣橱和多功能换鞋凳，右侧是圆形造型的淋浴间和卫生间。本方案的亮点是在阳台上设计了一个圆形浴池，让客人边沐浴边享受海景与甜美的红酒，同时与房间圆形浴池形成呼应，视觉上和谐平衡。在空间上将休息区地面抬高20cm与卫生间台面分开，做到了干湿分区。

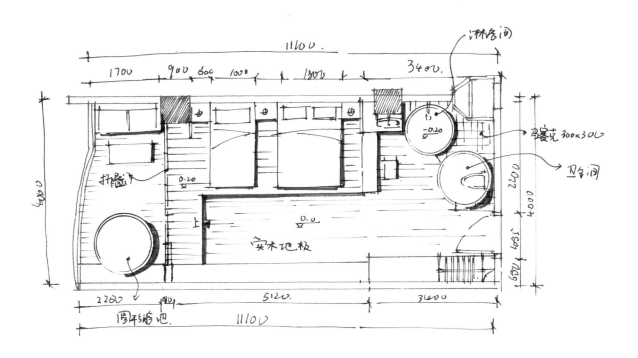

本方案主要是为三口之家准备的家庭豪华套房，采用现代设计风格，引入海滨风情元素，力求打造温馨、浪漫的主题酒店空间。立面设计上运用硅藻泥体现淡淡的地中海风情，床头背景墙正面画上海滨风景，甚是美妙，仿佛还在海边上享受日光，拥抱海浪。

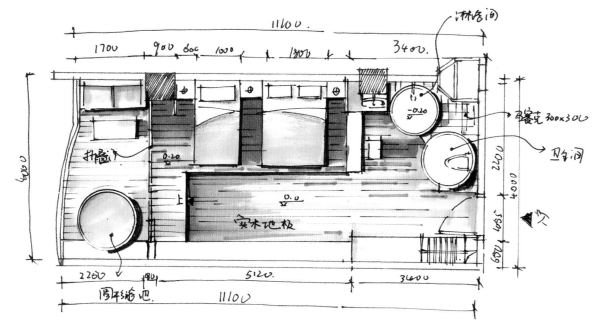

手绘表现

01 画平面布局时先用直尺绘制墙线，布置家具的时候则徒手绘制。在绘制线稿时最主要地是要注意家具的比例，因此在画之前最好是将户型尺寸标注出来，这样可参照尺寸大小来绘制家具的比例，最后用黑色马克笔增加家具一侧投影。

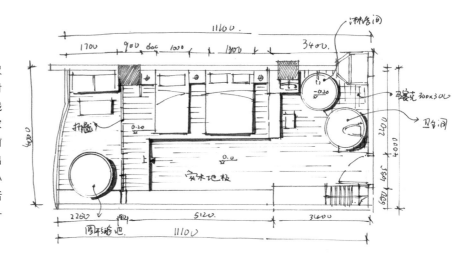

02 用马克笔对平面方案进行简单的上色处理，画面中只是着重画出了地板和床面颜色，其他地方均为辅助色彩。

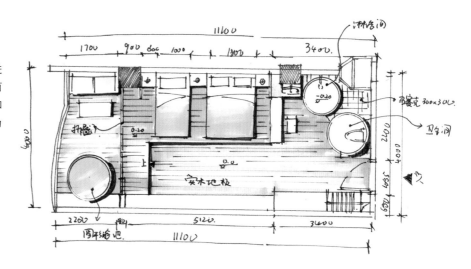

03 丰富画面，用深色木质颜色增加地板背光面，注意选择远离阳台的一面做深色处理。为了颜色协调用蓝色铅笔将浴池水面和床单颜色加重，也可将卫生间地砖平涂。

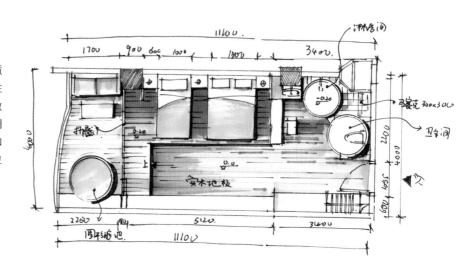

■ 吊顶设计

吊顶造型与地面三大区域功能相呼应，入户区由于梁的限制（要将梁包裹其中），因此吊顶稍微矮一些；中间卧室区为了使人躺在床上时不显得压抑，因此吊顶稍高一些；左边区是休闲区。整个顶面大面积使用嵌入式筒灯照明，光线柔和且浪漫，两边床头一个大大的长线吊灯作为聚光灯，以局部照明烘托室内空间。

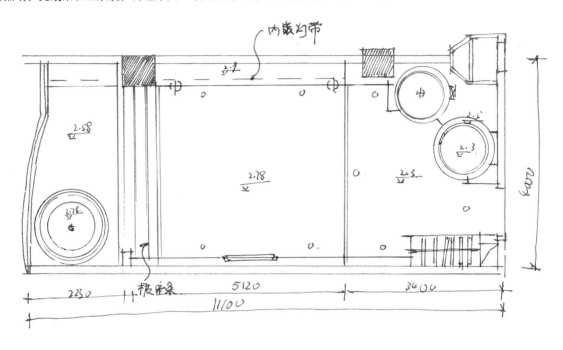

■ 立面设计

电视墙上半部分用硅藻泥饰面，凹凸的肌理感是典型的地中海风格处理手法；下半部分用不规则青石片材质饰面。两种材质肌理感都很强烈，自然海滨效果得以充分展现。块面感超强的行李柜和电视柜充满简洁的现代气息，这种画面的延伸感大大增加了房间的视觉长度。

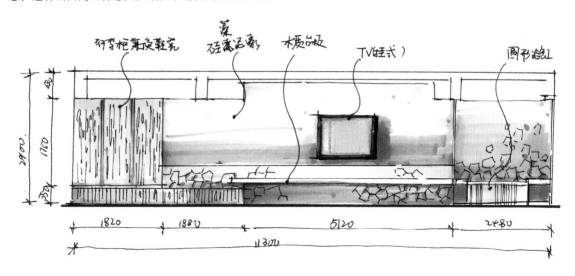

　　床头背景墙立面最大的亮点便是那一幅美轮美奂的海景墙画，请一位画师画上独一无二的海滨风情，与窗外海景遥相呼应。卫生间则用浅蓝色马赛克铺贴与蓝色海景营造出浪漫的情怀。

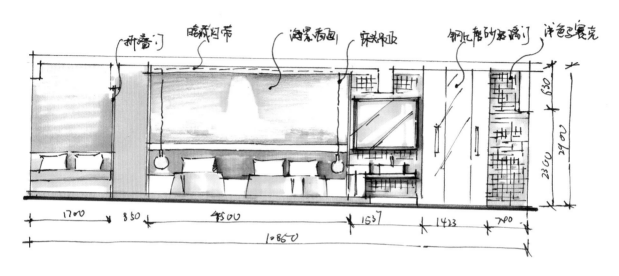

　　在前面的海景墙画上打上两盏射灯，美景若隐若现。

■ 空间效果图整体表现

入户处放置白色毛绒地毯迎接客人，并将生活区与休息区做一个空间上的分割；卧室区超大的电视墙面尽显大气；阳台处浴池已经泡好玫瑰，纱幔轻垂，沙发小憩，一份甜品，一本好书，孩童嬉戏，让客人可以尽享这份温暖与祥和。

手绘表现

01 本方案采用一点透视来表现整个空间效果，线稿的外轮廓可以用直尺辅助绘制，其他部分用徒手绘制，注意需要针对不同的对象有所变化，比如柔软的纱幔需要用抖线、断线绘制，电视台面这类比较硬的材质则用直线绘制，一气呵成。

02 先用木色马克笔将地板及立面造型的木材质感绘制出来，因为光线在材质上会产生明暗变化，所以在绘制时要注意用笔的轻重变化，部分地方可以留白。线稿阶段用排线处理的阴影及暗部可以用较深的颜色在交界处强化，或在用固有色绘制时略重复，然后用蓝色绘制墙面、床及部分软装饰品。

03 在加深画面对比阶段，墙面白色硅藻泥在灯光的作用下会偏暖色，所以绘制墙面时用偏暖的浅灰色绘制，用笔时注意由下至上要有轻重变化，这样色彩就会出现由深及浅的渐变，在有筒灯照射的地方留白。然后用深木色马克笔加深地板以及电视柜下面的重色，注意白色的透明纱幔在水的反射下也渐渐泛蓝，但在绘制时要注意纱幔的透明效果，因此不能平涂，一般在皱褶及束带处强调一下即可。

04 刻画细节时要进一步拉大空间明暗对比，将背光部进一步加深，拉大黑白灰对比关系，光感就很明显。用蓝色铅笔在蓝色马克笔处理过的立面及纱幔部分做一些过渡处理，以增加画面的细腻程度。

6.3 小型办公室手绘方案设计

办公空间室内设计的最大目的就是要为工作人员创造一个舒适、方便、卫生、安全、高效的工作环境，以便最大限度地提高员工的工作效率，这一目标在当前商业竞争日益激烈的情况下显得更加重要，它是办公空间设计的追求方向，是办公空间设计的首要目标。

■ 方案设计要求

本案例为改造设计，原空间是经过简单装修的办公室，原始空间为长方形，两面墙，两面落地窗，室内有4个大柱子，实际使用面积为100m²。

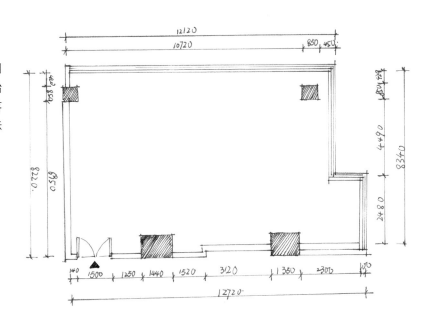

■ 方案设计思路与分析

从原始户型图可以看出，该空间是一个长方形，进门后整个空间一览无余，原有空间没有神秘感，在空间布局上需要打破常规。

修改后的方案对空间进行了大胆的布局，有别于传统的垂直隔断方式，以倾斜隔断来划分空间，使整个空间在视觉上充满动感，呈现出了独特的视觉艺术效果。

门口左侧设计为接待区，后面为会议室，中间为开敞式办公区和休息区，将会计室和经理室等较私密的空间安排在右侧，整个功能分区清晰明了。

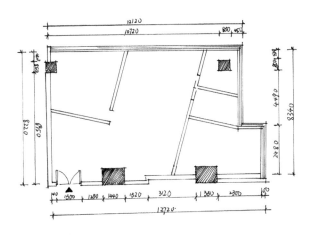

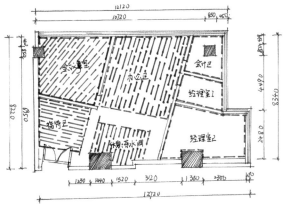

了为提高工作效率，办公空间的动线设计必须流畅，注意黑色马克笔虚线绘制的动线示意图。

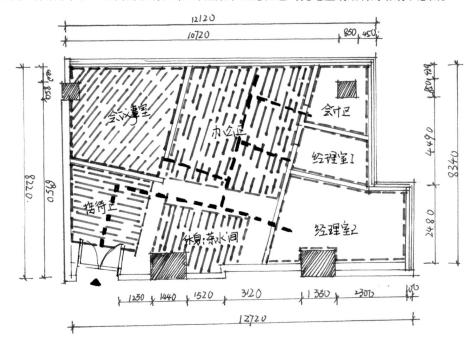

■ 平面布局设计

如图所示，大门为了和斜角处的空间相呼应也改成了斜角，接待区沙发根据空间造型做成V字形增添设计感，接待台与员工茶水间在进门的右边，也方便前台人员给客户倒水。接待室背后是可容纳8人左右的小型会议室，平时设计师们也可在这里讨论方案，激发创意。会议室右面则是设计师办公区，采用敞开式设计，给设计师一个开阔的空间。右面用木质玻璃隔断划分财务室和经理室作为半私密空间。

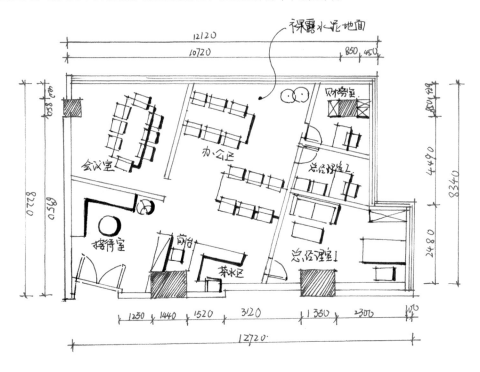

本方案打破了用玻璃隔断作为区域划分的常规处理方法，而是采用实木做隔断框架，部分隔断里面嵌入玻璃，整个空间布局具有通透性。同时没有使用烦琐的装饰和过多的色彩，玻璃隔断上偶尔点缀彩玻，或是偶尔镂空，很好地实现了空间与空间之间的对话。空间的分割也较为大胆，打破了常规直线分割，采用非直角隔断分割空间，更富有动感。拆掉原有的商业吊顶，将原本只有2.7m的层高调高许多，并将原有的管道裸露出来刷上白漆，增加空间的工业感。办公区域设计了个性突出形状各异的吊灯，增加了办公空间的趣味和活力。去掉原有地面砖并刷灰色地坪漆，视觉上更像是原有的灰色水泥地面。

01 徒手画出平面布局，画草图时家具可以用简单的方块来表示，并且要注意家具在空间中的比例。

02 用灰色将地面漆绘制出来，接近家具部分和背对窗户的地方都要画得深一些，受光部可以适当留白，不用涂得过满。

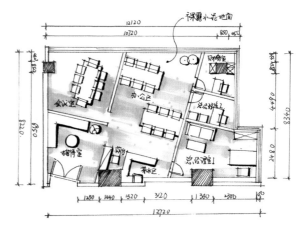

03 用木色将桌面简单铺一些色即可，为了活跃画面关系，可以在空间中加一些绿色植物。

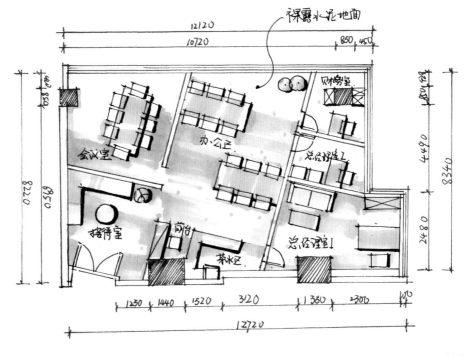

■ 吊顶设计

下图中红色马克笔所画虚线为顶面的原始结构梁，在新的方案设计中需要拆掉原有的商业常规吊顶，用松木沿着隔断吊一圈边顶，剩下裸露的梁及管道都用白漆喷刷，配以现代的吊灯，让空间富有现代设计气息，更符合设计公司的主题与要求。

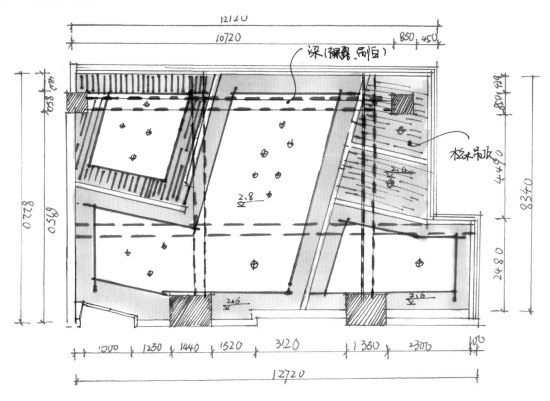

■ 接待区立面设计

入户大门用磨砂玻璃门，门头用实木松木包边，注意包边要做得比较宽，让小空间也尽显大气。

大门正对接待区沙发一侧的隔断用来分割接待区与会议室，在松木线条中内嵌玻璃，中间用整块松木拼接并悬挂公司Logo。

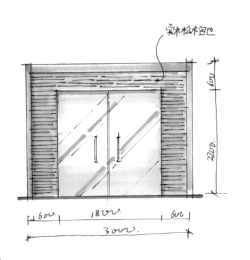

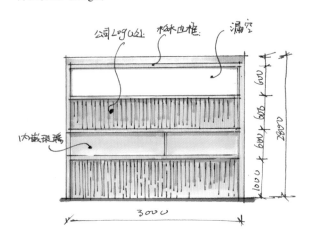

　　前台接待区门头、吊顶及沙发用松木饰面，再将墙面刷上灰色漆，然后在会议室半高的木格玻璃隔断中间设计公司的Logo。在斜角以及大柱子形成的凹角处设置了斜角沙发，沙发也用实木与整体风格相搭配，沙发上鹅卵石造型的抱枕组合在空间中非常有趣，充满了设计感。

01 用一点透视表现接待区能更好地展示空间的纵深感，在绘制松木纹理时注意线条适当断开或适当留白。公司Logo字体可以做简单的处理。完成画面后根据画面需要添加植物，让画面看起来更加均衡而有生机。

02 用马克笔先将空间中的主要色彩平铺出来，由于接待区运用得最多的是松木材质，所以用木色马克笔将其平涂，根据画面关系可适当地划分出明暗关系。

03 用深黄色马克笔加重松木暗面，拉大明暗对比；墙面和地面色调相同，一个是灰色漆，一个是水泥地面，因此用灰色马克笔将暗面表示出来。然后用浅蓝色表示玻璃门及玻璃隔断。

04 刻画细节，进一步用深色马克笔拉大空间明暗对比，为了表现玻璃的透明度需要用高光笔增加其光泽度，并在透明玻璃上拉斜线表示质感。收边的植物根据画面需要判断是否上色，如果需要上色，只需要用深浅不同的马克笔表现出三个面的关系即可。

■ 办公区及茶水间立面设计

茶水间需要设计1m高的吧台，前面放置高凳，墙面上用松木做成实木搁架，放置一些小装饰物件。茶水间生活电器齐全，员工置身其中犹如回家般放松，与紧张的办公区域形成对比。

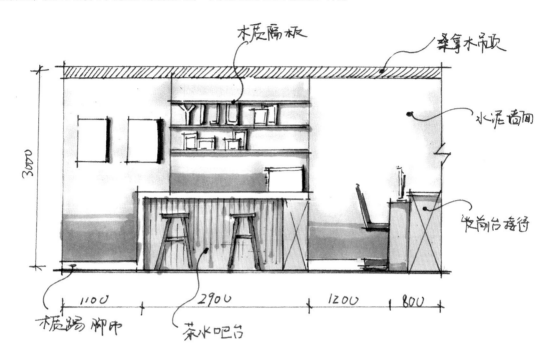

经理室和办公区之间的隔断与接待区设计手法一致，松木线条内嵌普通玻璃，部分用彩色玻璃，活跃紧张的工作氛围。

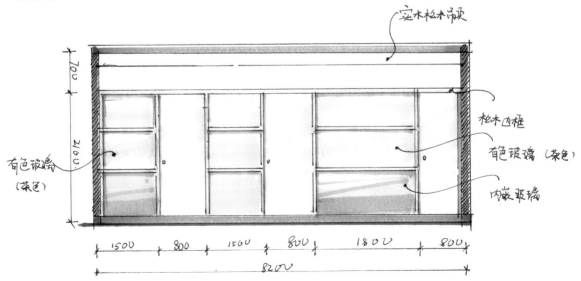

　　为了让员工能够更加放松，办公区采用敞开式与茶水间连接，方便员工休息。茶水间吧台台面上放置微波炉、咖啡机，后面则是电冰箱和放置小物件的隔断，力求营造一个能够完全放松的工作环境。

01 用两点透视表现此空间效果，从空间中可以看出办公区与吧台的关系，半高的玻璃隔断后面可以清晰地看到经理的办公室。

02 用木色马克笔将松木颜色平涂出来，如吧台、隔断边框，以及吊顶和办公桌，地面和墙面用灰色平涂，注意地面灰色比墙面暗色稍重，产生对比关系。

03 加强空间明暗对比关系，用深灰色马克笔将皮质椅子先均匀平涂，电脑用深蓝色绘制，注意屏幕预留高光，画面两边的植物也可稍微给一些绿色。

04 刻画细节阶段用深色马克笔再次加大明暗对比，强化空间层次关系，这一阶段深色用在暗部，但不宜过多，否则画面太满，不透气。半高的玻璃隔断用斜线表达其透明感。

■ 会议室设计

会议室全部用半高的木质玻璃隔断，松木线条内嵌玻璃，中间可选用一些有色玻璃，墙面用灰色漆，顶面用木线条造型，墙面挂上用铁丝做成钥匙形状的抽象画，暗喻打开设计思路。

01 由于会议室空间不大，所以用一点透视能更好地表现空间的纵深感，如果空间画得很饱满，周围可以不用植物点缀，用小排线适当地画一些阴影关系即可。

02 用马克笔画出环境的固有色，用蓝灰色给玻璃底部画上颜色，在顶部留白的地方用一些浅蓝色增加玻璃的固有色，然后用黄色给松木上色，如桌面、吊顶，以及旁边的靠椅。

03 增加画面层次感，用深蓝灰色马克笔加重玻璃底部色彩，并用此颜色给皮质椅上色，上色时注意画出皮质光泽度，需要适当留白。然后用同样的方法将松木的颜色加深，将对比加大。

04 刻画细节，增强明暗对比。用高光笔和深色马克笔画出玻璃上的斜线表示玻璃反光质感；然后用较深的黄色适当加深实木线条的缝隙；接着刻画会议桌上的植物和书籍，装饰物品不需要太过仔细，画出大致关系即可；最后用黑色马克笔将会议桌下的投影加深。

6.4 / 儿童摄影馆手绘方案设计

儿童摄影馆是专门为孕妈妈和小朋友开设的影楼，由于它所针对的是特殊人群，其空间可以略小，甚至可以以工作室的形式出现。装修风格上一定要体现出儿童趣味性和活泼性，带有卡通或者童话的味道。

■ 方案设计要求

要求1： 在满足儿童影楼基本的使用功能的同时，丰富空间功能性，最大化利用有限的空间。

要求2： 节约成本，空间要设计得简单、明快、清新自然，特定摄影区要充满童趣。

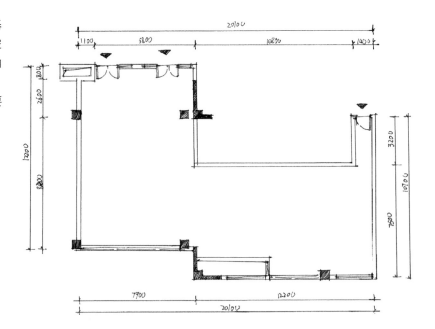

■ 方案设计分析

本案例空间使用面积大约为200m²，从原始户型图中可以得知有3个入户门。对于小型摄影馆来说，门不必太多，这是我们需要考虑的，因为这样空间会多出一面墙体，降低空间的使用率。

在对公共空间进行设计时首先应该考虑空间功能性的划分，同时也要考虑空间的美感。在设计草图阶段应该多用画泡泡图的方式来分析空间必要的使用功能，以及空间中各功能分区。摄影馆入户的地方应该考虑用作收银和接待的区域，可以用画圆形或者方形的方式将大致的区域划分出来。

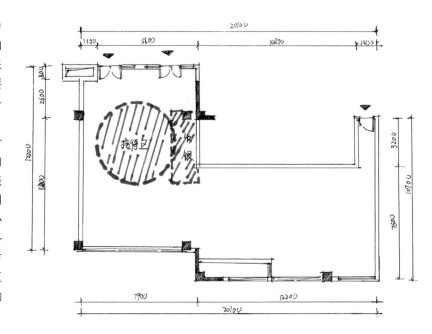

根据需要，摄影棚一定是室内空间中最主要的部分。同时也是面积最大的一部分，如下图所示，可将摄影区放置在左面较宽敞的空间中，试衣间则可放置在右上角的小角落里（将其入户门封住，作为试衣间）。

应该在摄影棚就近的位置设置化妆区，然后挨着的区域用作选片区。

满足摄影馆的主要功能以后，就要考虑一些次要功能，比如在馆内设置供小朋友玩耍的区域，引起小孩注意并让他们产生兴趣；还应该设置倒片室，照片拍摄完成后需要对照片进行处理和修饰；墙面边缘设置摄影作品展示区，以及服装、道具挑选区。将整个功能泡泡图划分出来，方便进行合理的平面布局。

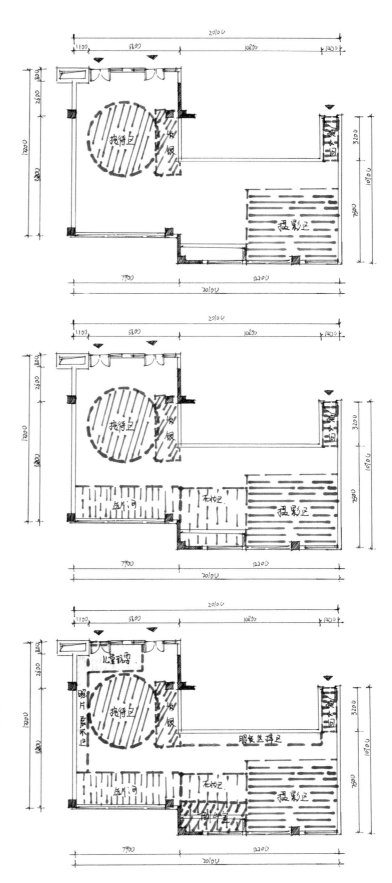

平面布局及功能分区

　　根据新的平面泡泡图，重新划分房间功能布局。儿童玩耍区设置在进门一侧，紧挨收银台和接待区，客户咨询时小孩可以在店里工作人员的照看下在该区域玩耍；右侧展示区用于展示一些优秀的儿童摄影作品，同时用展示架做敞开式隔断，分出3个选片区；左侧则是摄影区，需要隔出4个主题摄影区；紧挨摄影区的区域则分别设置服装选择区、换衣间和倒片室。

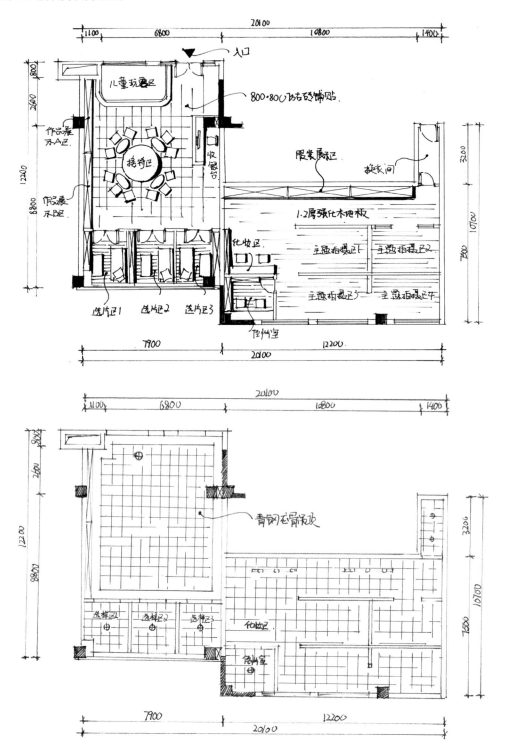

　　在节约成本的前提下，本方案中吊顶没有做过多的造型，同时受空间小的限制，吊顶使用轻钢龙骨做整个顶面处理；立面空间用墙裙和温馨的素色碎花墙纸饰面，墙面用本馆优秀的儿童摄影照片作为装饰；地面材质采用仿古砖和木地板，搭配色彩鲜明、线条简洁的家具，沙发和窗帘也选用较温馨的颜色，这样整个空间给人一种温馨、田园、童趣的感觉。经过多次思路的整合和讨论，完成平面布局草绘方案，如下图所示。

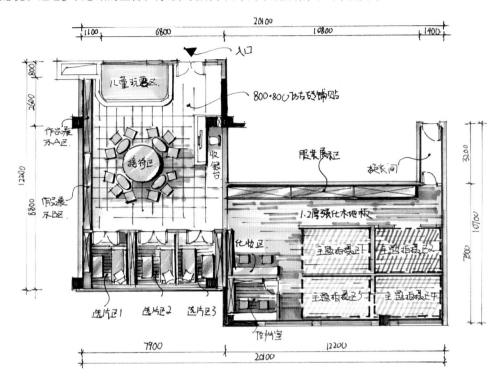

01 公共空间中铺装较为简单时，在画草图方案时家具布局和铺装可以并置在一张图上。注意画面需要强调墙线及整个空间的分割，承重墙处可以涂成黑色，然后用文字将主要区域和地面材质进行标记。

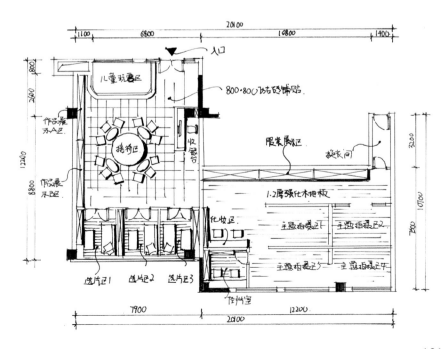

02 为了增加画面的丰富性，可以适当地进行着色处理，用灰色画出地砖颜色，用棕色画出木质地板颜色，注意窗户的地方留白，家具遮挡的地方加深。因为是儿童活动场所，在绘制家具时可以使用纯度、明度较高的颜色绘制。

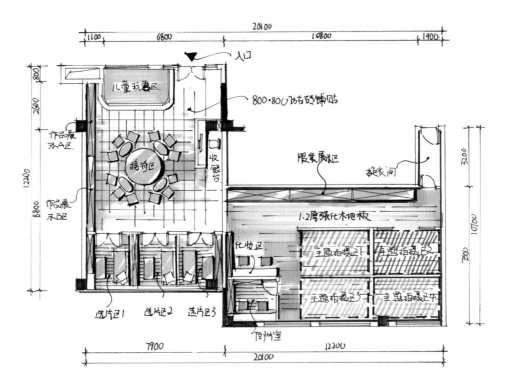

03 适当给画面增加一些细节以提升画面的空间感，然后用深色马克笔将紧挨家具的地方的铺装适当加深即可，家具可以不再加深。

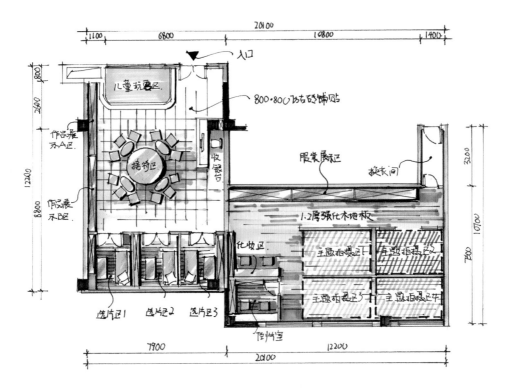

■ 草图方案具体立面效果分析

　　选片室立面效果如下图所示。将选片室分割成3个小房间，门洞做成弧形；门打破常规的做法采用了木质百叶的牛仔门，不仅做了空间接待区和选片室的分割，同时使这两个区域也有了一定的联系。

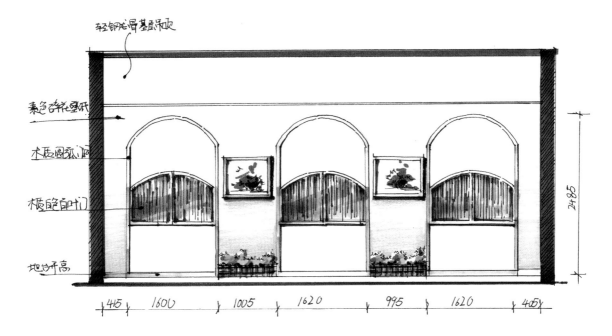

　　在入户门旁边设置一个小型的儿童玩耍区，作为接待客户小孩的一种商业手段，并且玩耍区颜色丰富，也可以作为空间内一道亮丽的风景线，让客户一进门便留住了小孩，同时也可以很方便地到旁边的接待区翻阅优秀的摄影作品。左面的墙面设计了一个摄影作品展示架，在设计上也是要达到客户一进门便被吸引的效果。

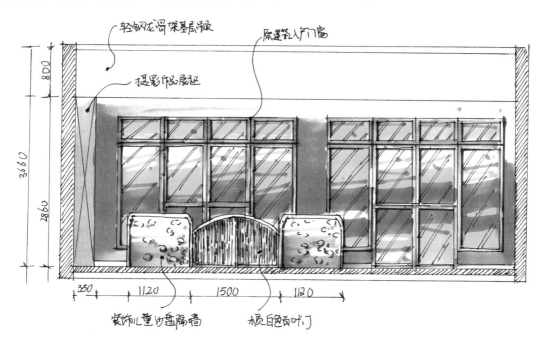

进门右侧的摄影展示墙面底部用生态木，并将墙面刷白漆饰面，展示墙面则用浅蓝色素色碎花壁纸饰面，墙面可以用各种优秀的摄影作品来装饰，同时可达到吸引客户的目的。

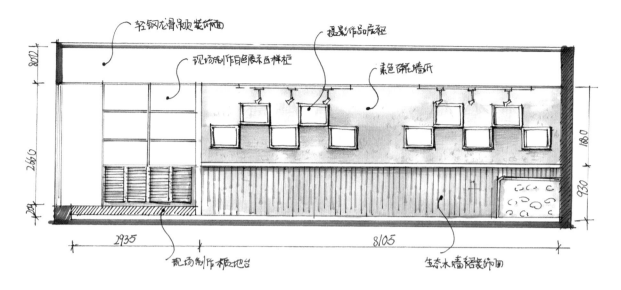

大厅一进门便会看到收银台，收银台用彩色的马赛克铺贴，上面做上摄影馆标志。从收银台旁边的门洞，进去便是儿童主题摄影区，这里被做成了一个较私密的空间。右面地台升高并划分出了3个小房间作为客户选片室，门边配上栅栏植物，使整个房间充满了田园童趣。

01 因为两点透视具有动感，所以更适合用来表现儿童活动的空间。顶面龙骨格栅吊顶用两条直线表示即可，此时不用画出体积感，避免画面太乱。地面地板要注意透视关系，在绘制线稿时尽可能地将空间硬装材质表达出来，这样可以增加客户对空间的感受。

02 墙面除墙裙部分都是用淡蓝色乳胶漆来打造田园、清新的小空间，因此可用蓝色或者蓝灰色绘制墙体颜色。为了增加空间的活泼感，墙裙和顶面吊顶可用暖黄色或是白色漆加强色彩的对比。

03 用暖灰色马克笔将吊顶大面积平涂上色，顶面和墙面的交界处色调要稍微深一些，地板需要加深的地方是收银台，栅栏植物与地面交接的地方及栅栏背光部分的地面用马克笔竖向绘制，增加地面的反光质感。

04 刻画细节时用深灰色画出龙骨的暗面，微微增加龙骨的体积；空间中的植物也要画出层次关系，墙面也需要用深灰色加重暗面，规律是从下至上依次变浅；然后运用高光笔增加龙骨的金属质感，马赛克铺面都适当地给出一些白色。

■ 服装展示区设计

　　为了和门洞呼应，展示区也做成拱门的样式，中间设计两排衣架，两边分别做两个柜体，方便储存装饰品及鞋子。在展示区旁边便是换衣间，从功能上讲方便试衣和换衣。

01 用一点透视表现服装展示区效果图，为了更好、更清楚地表达服装展示区的效果，可以将空间画得稍微夸张些，这样可以尽可能地表现更多的空间元素。

02 用马克笔画出空间物体的固有色，地面用暖色绘制，主要墙面用暖灰色绘制，顶面用蓝灰色绘制。在绘制地面时可以将线稿阴影部分的颜色适当加深。

03 进一步丰富画面层次。用同类色马克笔加深环境中的背光部分，比如用深棕色将墙与地面交界部分的地板加深，然后用高明度、高纯度的颜色画出服装作为画面的点缀颜色。

04 刻画细节。用深色马克笔将地面反光部分加深，然后用黑色马克笔直接在地面与柜体部分加深对比；接着用深灰色马克笔画出衣服在墙面上的投影，增加其空间感；最后用同样的方法画出吊顶龙骨。

■ 选片室设计

选片室主要是方便客户选样片，因此需要相对私密的空间，所以用柜体将选片室分割成3个小房间。由于选片室空间不大，所以选片室仅设置沙发和摆放显示器的桌子，沙发背后的书架可以放置一些充满童趣的玩具和优秀的摄影作品。

01 用一点透视表现选片室。因选片室空间不大，空间陈设不多，所以画线稿时尽量多画一些细节（如空间阴影）使画面丰富，背光部分均用排线的疏密关系来表现空间光影的深浅层次。

02 在用马克笔上色阶段，注意左边墙面是用暖色碎花壁纸，右边则是白色书柜，沙发选用蓝色和整个墙体颜色搭配，空间中的抱枕及玩具则用明亮、活泼的颜色表现。

03 在画好大的色彩关系后需要增加画面层次感。通常在软装设计中，窗帘、沙发、床单的颜色使用同类色表现，因此窗帘也用蓝色表现，注意在窗帘的褶皱处适当加大马克笔用笔力度，画出窗帘的褶皱感。窗外的植物用明度高、色相不饱和的颜色表现；窗内的植物则用色相饱和、纯度高的色彩表现，让画面产生近实远虚的视觉感受。

04 通过增强明暗对比刻画画面细节。用彩色铅笔画出左边墙体碎花壁纸的肌理感，窗户的透明度用高光笔表现，然后用深色马克笔画出窗棂的厚度，增加玻璃的质感。画面中有线稿排线的地方均用深色马克笔将环境色加重，增加画面的对比。

6.5 小型茶具专卖店手绘方案设计

茶具专卖店所卖茶具主要有两类，一类是代表东方气息的茶具，如中式、日式、韩式茶具；另一类是代表西方气息的茶具，如欧式、英式、意式茶具。所以在设计茶具专卖店这类空间时，应该了解该专卖店所售茶具属于哪一类，然后根据茶具种类营造不同的文化空间氛围。小型茶具空间一般定位中于低档次的茶具，在考虑空间设计时除了表达该空间设计思想，还应该注重空间实用性和功能性。

■ 方案设计要求

要求1：原始空间室内面积在50m²左右，空间形状呈长方形，没有异形空间，在设计时应考虑留出足够的空间进行货物储备，空间使用要满足售卖茶具的主要功能。

要求2：专卖店主要售卖中式茶具，价格定位在几百到几千元一套，空间装修定位则在中档层次。

要求3：根据茶具定位中式风格，元素堆砌不宜过多，主要体现空间敞亮、开阔、干净的层次。

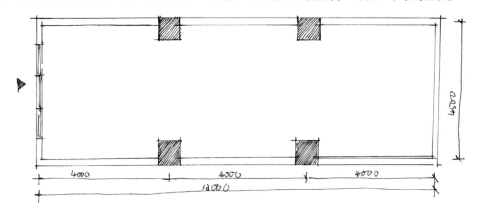

■ 方案设计分析

功能划分主要分为两块区域，一个是销售区，另一个是储备区，如泡泡示意图所示，从进门第2排柱子进行划分。中间区域可设置小型展示架，进门处展示当月特价销售的茶具，用来吸引顾客。在硬装设计、软装设计上要注意体现中式风格的氛围。

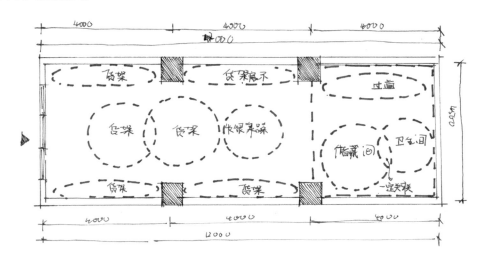

■ 平面布局及功能分区

　　根据泡泡图深化得到平面草图。中间展示架在销售区分割形成了两条平行的过道空间；储物区根据客户需要放置休闲沙发，可以作为休息间；卫生间外放置一个储物柜。尽可能拉长视觉效果，感觉空间更大。

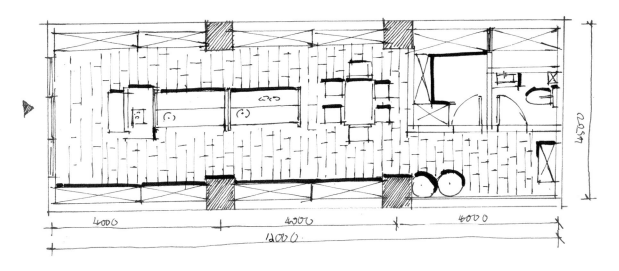

　　本方案摒弃了复杂厚重的传统中式风格，改用现代的新中式风格，空间中没有复杂的造型及过多的后期装饰，但是整个空间所表露出的简洁、流畅也不失为一种大气，比如储藏区过道尽头墙面的中式名画、青花瓷水钵，品茶区的中式圈椅都很好地体现了茶文化所带来的意境。

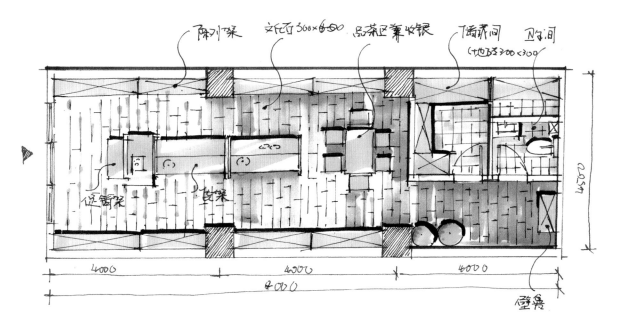

01 徒手绘制空间家具，绘制时要注意家具尺寸及比例关系。平时要注意搜集和积累家具常规尺寸，在绘制时可以参考墙体线的长度，根据墙体线的长度估计家具的大小。绘制地砖时如果按照比例绘制，地砖会显得过小而影响画面的美感，可以适当加大地砖尺寸，再用文字标注地砖尺寸。

02 用马克笔画出地砖的固有色，艺术砖用深色绘制并与空间展示架木质颜色做对比，根据入户光照的远近关系，可以将离门远的区域地面画得较深，体现砖面层次感。

03 用黄色马克笔画出家具颜色，家具色彩不用全部涂满，也不必画出深浅层次，简单几笔带过即可，绘制时可以带有明显的笔触，桌面的光感可在桌面上做留白处理。

04 文字标注是草图中不可缺少的部分，它能清楚地阐述空间的功能、尺寸等具体的细节。

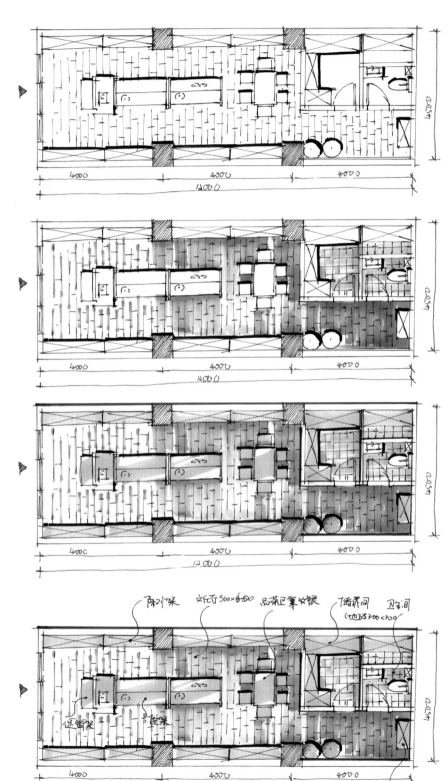

■ 吊顶设计

顶面空间做一体化设计形成一个整体，在销售区顶面设计两条长方形凹槽，嵌入射灯作为展示区光源；在品茶区域设计一处吊灯，让光源集中此处，通过灯光烘托空间的氛围；储物间和卫生间吊顶按照常规吊顶手法处理，即储物空间吊平顶，卫生间用铝扣板吊顶。

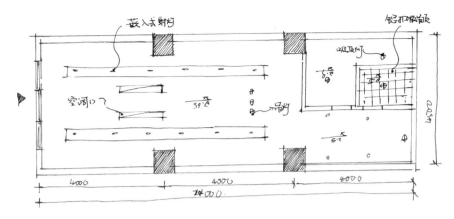

■ 专卖店全景效果表现

地面铺装用深色艺术砖更能体现中式味道，茶具展示架采用木质饰面；裸露的承重柱刷灰色乳胶漆，两边柱子上挂对称的中式字画装饰；造型别致的茶具为空间增加了一份宁静，同时中式茶道意境也得以呈现。全景效果如下图所示。

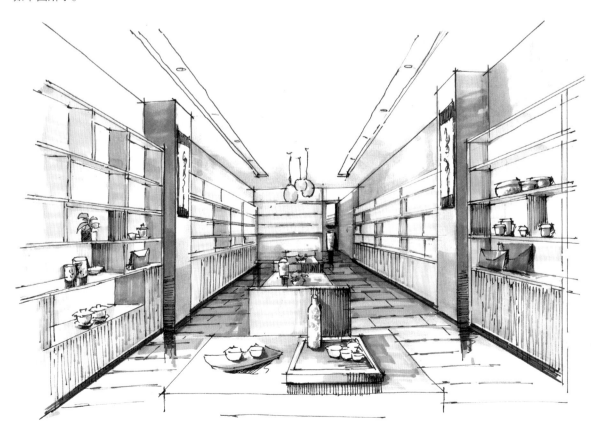

01 小型商业空间由于进深较长，因此在绘制时应尽可能地用一点透视来表现，这样一张手绘效果草图就能将空间所有的内容表达出来。因为要表现的东西比较多，所以要抓住重点，如货架、品茶区域家具、茶具等。

02 用灰色马克笔将地面和墙面的固有色绘制出来。在空间颜色搭配中要有一个对比色，比如地面选择冷色，则墙面需用暖色；地面运用深色，则墙面运用浅色。此外，可通过明度对比加强空间的层次感。

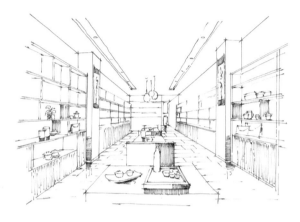

03 画出空间地砖的层次，越往里面延伸颜色越重。立面承重柱也要画出不同面的明暗关系，然后用黄色马克笔画出展示架的固有色，注意上色规律是下深上浅，上面可以适当留白。

04 用彩色铅笔加深地砖暗部色彩，顶面加上一层浅浅的灰色，然后用马克笔简单地将展示架上的茶具画上适合的颜色以丰富画面。

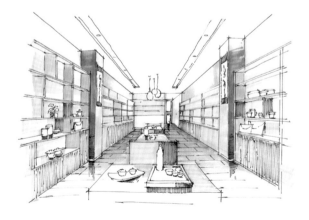

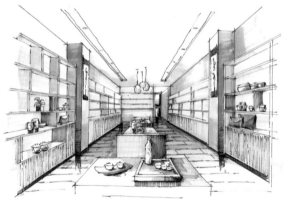

第 7 章 软装手绘设计

软装设计不仅要考虑家具饰品的造型、材质、色彩的选择，还要考虑到陈列及光影效果。如果完全依赖于计算机制图，首先那么多风格品类的家具造型及饰品的建模就是一项浩大的工程，加之计算机效果图的渲染速度并不快，在进行细节调整的时候会大大延长制图的时间。作为设计师，我们应该把更多的时间放在提升设计水平上而不是制图上，选择一种合适的表达工具才能事半功倍。

- 软装元素概述
- 软装设计风格与元素

7.1 软装元素概述

"软装"作为营造室内空间氛围的点睛之笔，打破了传统的装修行业界限，将工艺品、纺织品、收藏品、灯具、花艺、植物等可移动的装饰进行重新组合，形成了一个新的理念，可以根据室内空间的大小形状、使用人群的偏好需求、经济水平高低等各个方面来考虑，从整体上综合策划装饰装修的设计方案，还可以体现出业主的独特个性与品位，而不会千篇一律。如果装饰装修太陈旧或过时了，需要改变时，也不必花费不菲的费用重新装修或更换家具，就能呈现出不同的面貌，给人焕然一新的感觉。

软装设计具备八大元素，即家具、灯具和灯光、织物、花艺、画品、收藏品、日用品以及饰品。一个优秀的软装作品，对这八大元素的运用要合理协调、相辅相成。

■ 家具

室内家具包括支撑类家具、储藏类家具和装饰类家具，如沙发、茶几、床、餐桌、餐椅、书柜、衣柜、电视柜等。

在软装设计中，家具决定了一个作品的风格，因此，家具的选择是至关重要的，软装设计师应能通过手绘的方式将设计样式呈现出来。

01 用两点透视表现对椅组合，绘制线稿时要抓住家具的风格特点。

02 用棕色画出对椅组合的固有色，然后画出桌面上植物盆栽的颜色。先整体上色，不用画出明确的层次关系。

03 用同类色深色马克笔增加家具明暗对比，可适当在家具表面画不规则的点以增加表面肌理感。抱枕表面要画出带有中式风格元素的图案，如铜钱。

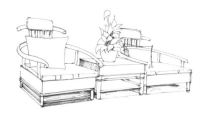

■ 灯具和灯光

灯具包括吊灯、立灯、台灯、壁灯和射灯。

在现代软装设计中，灯具给了我们实用的照明，也给了我们装饰的光影。巧妙运用灯具，能让我们的室内软装达到意想不到的效果。

01 用墨线笔画出台灯组合，注意台灯灯罩圆形透视关系，并适当画出阴影，增加体积。

02 用蓝色画出台灯组合的固有色，在其明暗交界线处反复涂抹加深。

03 增加暗部重色，加强对比关系，画出台灯表面青花纹理，体现台灯的中式韵味，然后用黄色铅笔适当绘制一些黄色以体现灯光。

■ 布艺

布艺包括窗帘、床上用品、地毯、桌布、桌旗、靠垫等。

一个好的软装设计离不开布艺的使用，由于布艺材料柔韧且造型容易，所以大多数软装设计师选择用布艺来营造室内效果。

手绘表现

02 增加抱枕组合的固有色，上色规律是由下至上依次变浅，颜色搭配不宜过多。

01 徒手绘制抱枕组合，注意抱枕组合之间的前后关系，并适当绘制表面花纹和暗部投影。

03 刻画细节，着重加深暗部以增加对比。抱枕表面的花纹可用同类色马克笔表示，花纹不用画得具体，抽象即可。

花艺及绿化造景

花艺包括装饰花艺、鲜花、干花、花盆、艺术插花、绿化植物、盆景园艺、水景等。

室内软装对植物的需求主要是插花，它可以柔化空间、增加生气，还可以抒发情怀、陶冶情操。

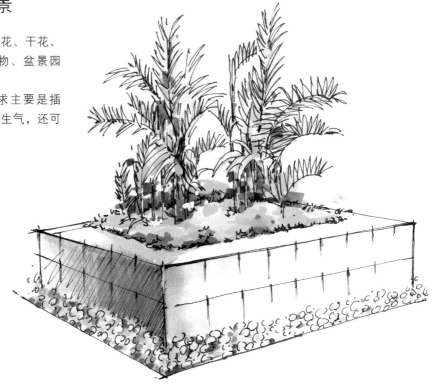

01 徒手画出小型植物组合，绘制花池时注意透视要准确。散尾葵的表现方法和棕榈树的表现方法一致，其叶片主要由V字形线构成。

02 给小景画出固有色，用亮一点的绿色大致画出植物轮廓，受光处可以适当留白。为了增加冷暖对比，花池用冷灰色，画出明暗面，花池底部鹅卵石用暖黄色画出固有色。

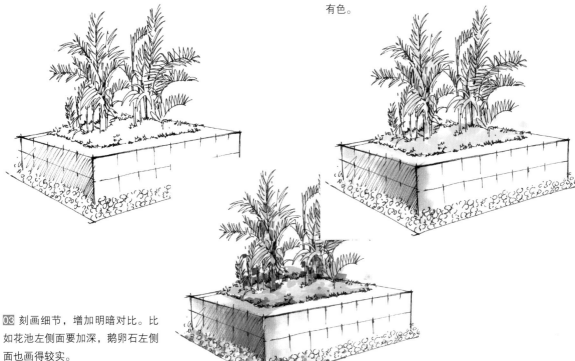

03 刻画细节，增加明暗对比。比如花池左侧面要加深，鹅卵石左侧面也画得较实。

画品

画品包括挂画、插画、相框、漆画、壁画、装饰画、油画等。

画品的选择是当今室内软装设计中的一大难点，我们可以根据家居装饰的风格来确定画品的风格，然后再考虑画品的种类，画框的材质、造型以及画品的色彩等因素。

01 根据沙发的风格特点，装饰画也选用与此风格一致的现代抽象画，将墙面装饰画简单抽象，可在第一遍时将其画得比较具体。

02 为了突出墙面画，用深灰色将背景加深，然后用浅黄色画出家具的固有色。

03 用深色马克笔画出沙发的明暗面，墙面装饰画用黑色马克笔将其勾边，突出画面中所要表达的内容。

■ 收藏品

　　收藏品包括历史文物、古代建筑物实物资料、雕塑、铭刻、器具、民间艺术品、文具、文娱用品、戏曲道具、工艺美术品等。

　　其中，器具包括金银器、锡铅器、漆器、法器、家具、织物、地毯、钟表、烟壶、扇子等；工艺美术品包括料器、珐琅、紫砂、木雕、藤竹器等。

01 用墨线画出海螺造型的装饰品，可以适当画出装饰品的明暗关系，增加体积感。

02 用黄色和暖灰色马克笔画出装饰品的固有色，在背光部分可以适当加重，在受光部分可以适当留白。

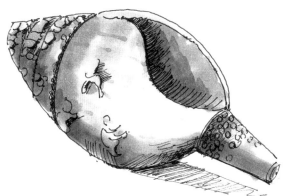

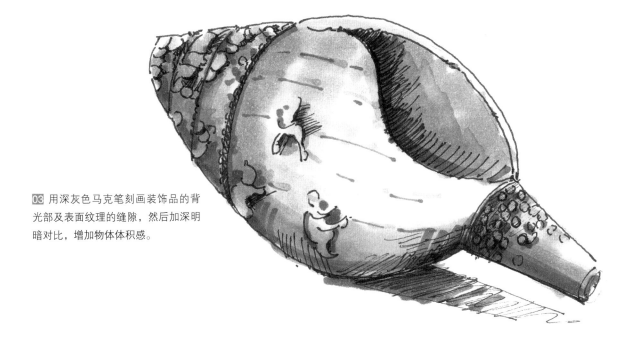

03 用深灰色马克笔刻画装饰品的背光部及表面纹理的缝隙，然后加深明暗对比，增加物体体积感。

■ 日用品

日用品包括五金家电、计算机、灶具、炊具、厨具、餐具、卫生洁具、日用杂货、化妆品及卫生用品等。

高品质的居家环境难免冷硬，搭配上温馨典雅的日用品，才是刚柔并济的品质生活。

01 用墨线画出餐具组合，构图时注意主次和前后关系，以及松紧关系，在物体暗部可以适当画上投影。

02 用蓝色画出透明玻璃杯的固有色，然后用蓝灰色画出盘子和瓷杯固有色，在背光处可反复涂抹。

03 刻画细节。用蓝色画出盘子和瓷杯上的蓝色花纹以增加画面感，然后用深蓝灰色进一步刻画暗面，增加明暗对比。

■ 饰品

饰品一般为摆件和挂件，包括工艺品摆件、陶瓷摆件、铜制摆件、照片墙等。

如何在一个完整的空间中打造亮点、成就完美？其实，答案就在这个环节，利用饰品让细节之美得以彰显吧！

手绘表现

02 用蓝灰色画出装饰品的固有色，然后在饰品顶部用黄色画出做旧的感觉。

01 徒手画出装饰摆件，并画出明暗关系。画线稿时应注意曲线要流畅，透视关系要正确，避免出错。

03 刻画细节。画出背光部暗面以增加对比，为了表现出金属质感，马克笔笔触可以画得明显一些。

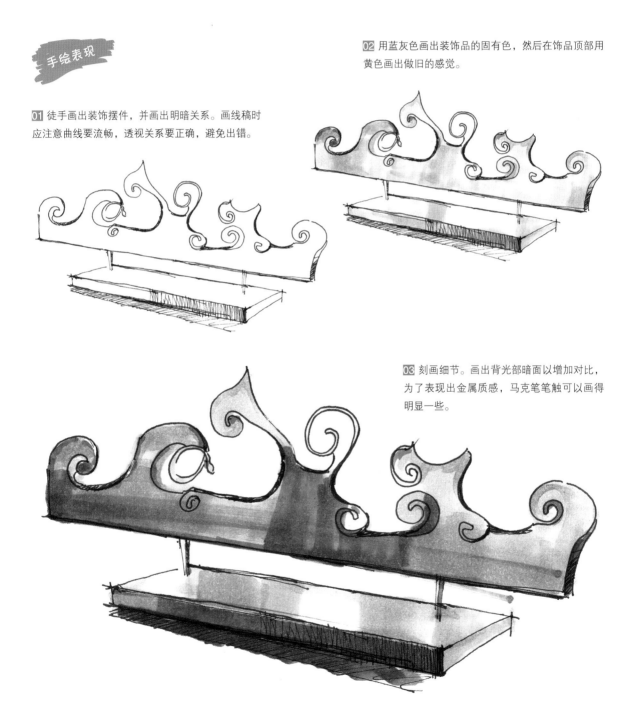

7.2 / 软装设计风格与元素

　　随着人们对物质生活的需求得到满足，精神层面的需求也相应提高。"软装"设计就是不专业的消费者在专业的设计师的帮助下完成饰家的过程，这是一种审美观不断提升的必然结果。

　　软装设计的本质就是将软装元素进行合理配置，这个过程中不是进行软装元素的堆砌，而是必须要符合设计美学原则。在软装设计的美学原则中，风格的统一是尤其重要的。

■ 欧式风格软装元素

欧式风格特点

　　欧式风格讲究奢华、色彩浓烈、沉稳、厚重、历史感、文化背景和装饰性，继承了巴洛克风格和洛可可风格的丰富色彩。巴洛克装饰喜欢使用黄、蓝、红、绿、金和银等大胆的颜色，渲染出一种豪华的戏剧效果。而洛可可装饰喜欢使用淡雅的颜色，如粉红、粉蓝和粉黄等粉色系，整体色彩明艳柔媚。

欧式风格色彩

　　欧式风格讲究整体和谐，强调新古典主义的庄重和繁复，主要色调选用中性色，如黑色、棕色、暖黄色等，点缀以深色或金黄色的边缘装饰以凸显霸气。需要注意的是，以冷色调为主的室内设计中可使用暖色调的陈设进行调节，反之亦然。

欧式风格家具

　　洛克克与巴洛克风格是欧式室内设计风格的代表。其中，巴洛克风格源于文艺复兴时期，以壮丽与宏伟著称，其家具结构线条硬朗而尺寸巨大，强调对称，古典庄重，装饰上则恰到好处地采用活泼但不矫饰的艺术图案。

手绘表现

01 巴洛克家具多弧型线条，在绘制线条时可断开绘制，主要是抓住欧式风格家具的特征，注意曲线的流畅。

02 银色的巴洛克沙发可用暖灰色表达其固有色，在背光部和抱枕遮挡处可以反复涂抹以加重固有色颜色。抱枕用冷灰色画出固有色，做到冷暖对比。

03 刻画细节。加深沙发左侧面暗面，并画出沙发的深色条纹，然后用浅蓝色画出抱枕表面的暗纹花朵，花朵简单几笔带过即可。

　　洛可可家具和洛可可室内装饰一样，喜欢用丰富而淡雅的粉色和金色，粉色明快柔媚，而金色则带来金碧辉煌的效果。非对称美是洛可可风格最广为人知的特色，室内戏剧化的气氛从沙发的造型到各种细节装饰都有所表达，非对称的美感和动态感无一不彰显主人的品位。

　　18世纪中后期，家具线条逐渐变得更加简朴，外框变成了对称的矩形，通常会漆上黑色或深色的油漆，并镀金细部，由上而下逐渐收缩的直腿家具代替了弯腿家具，而垂直的装饰凹槽和螺旋形起到了突出直线感的作用，这就是欧式风格中新古典主义的家具特点。

01 用两点透视画出古典主义家具的墨线稿，为了画准透视可用铅笔先起稿再上墨线，此阶段可稍微画出沙发底部的投影。

02 用红棕色画出家具的固有色。为了表现出古典家具的厚重感，可将沙发固有色画满，使其显得厚重些，在受光表面可适当留白。

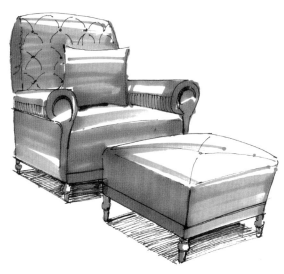

03 刻画细节。画出沙发暗部以增加沙发的体积感，然后用深色画出沙发靠背花纹。为了使颜色统一，沙发底部用深暖灰色画出投影。

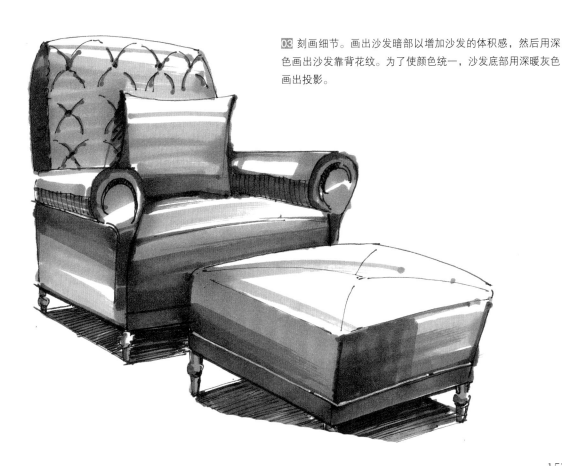

欧式风格装饰品

在巴洛克风格时期，贵族的喜好是风格改变最重要的因素，当他们对异国情调浓郁的东方产生好奇进而推崇时，那个时代的巴洛克装饰就融入了东方元素，如纺织品纹样中的中国山水风景和阿拉伯人物题材等都成为了巴洛克风格中的一员，这种偏好一直延续到新古典主义时期。如下图所示的天使雕塑、镜子的曲线都显示出洛可可风格的特征。除此之外，精美的工艺玻璃、模仿烛台的壁灯、用于展示或者做餐具用的银器都能提升欧式风格的古典倾向。

油画作为欧式风格中最主要的画种，技巧和效果最能体现欧式风格装饰画的神韵和特点。古典主义油画以写实手法为主，通过超凡入圣的作画技巧使此类装饰画栩栩如生，提亮了整个室内装饰，起到画龙点睛之效。

欧式风格布艺

窗帘是欧式风格布艺中的主角，一直到了新古典主义时期才变得普通。厚厚的床垫、蓬松的被子，欧式风格的床上用品总是给人舒适的感觉，我们甚至可以想象自己躺在上面的舒适场景。

01 用两点透视画出床体组合。为了表现厚重的
新古典主义，多画出一些床上抱枕以增加风格特
点，注意用线要柔软、松弛有度。

02 用浅红色或者浅黄色画出床品的固
有色，注意颜色搭配得当。

03 增加床品暗部阴影面积以加强对
比，然后用马克笔细头刻画出部分抱枕
上的花纹，增加风格特点。

欧式风格的软装因为创造了一种复杂的视觉效果而被大家所欣赏，它通常也被认为是传统的。实际上在今天多元和混搭的设计理念下，人们已不再满足于欧式风格一贯的形象。欧式古典与其他室内风格的混合，总能制造出新奇和极具个性的家居空间；通过改变颜色、质感、形态等手段，总能创造出变化多端、不拘一格而又独一无二的创意风格。

■ 田园风格软装元素

田园风格特点

田园风格的主要特点是舒适、休闲、生机勃勃、悠然自得、雅致、温馨、轻松、不张扬，当然还有自然元素。

田园风格色彩

英式田园风格：在色彩上通常以棕色家具、深色的壁纸和布艺，与棕色或红色的地板相互搭配，整体色彩较为深沉；或是用米黄色调搭配各种大面积的花色布艺，弥散出秋天的气息。

美式田园风格：颜色低沉，自然沧桑。

法式田园风格：薰衣草的淡紫色、茄子的深紫色、向日葵的中黄色、草绿色和天空海洋的蔚蓝色都是典型的颜色，法式田园的活泼气氛正是由这些颜色共同创造的。

韩式田园风格：这种风格的色彩特点是使用白色或粉色等清新甜美的高明度色彩，粉红、粉紫、草绿色通常作为主色调被选用。

田园风格家具

英式田园风格：最经典的英式田园装饰是由一个壁炉、一个装满书的木质大书架、一个大陈列柜、一张切斯特菲尔德沙发和带碎花布面的扶手椅构成的。

美式田园风格：家具突出原始、粗犷的味道，由粗糙的木材制作的床、桌子、茶几、沙发、椅子等不一定要进行精细的打磨加工，若覆以皮革或粗棉麻椅面，这份狂野就又多了几分诗意。

手绘表现

01 在表现美式田园风格家具时要将墨线画得厚重些，然后画出侧面阴影，沙发上小碎花可以先不画，在用马克笔上色时直接增加花朵。

03 用深灰色加重背光面以增加立体感，然后用纯度高一些的红色和蓝色突出布艺沙发上的花朵，沙发旁边装饰的花朵简单上色几笔即可。

02 用蓝色马克笔画出沙发暗面的固有色，并随意增加一些花朵，花朵可画得随意一些，不必太具象。

法式田园风格：这种风格延续着来自法国贵族的习惯，雕刻图案的大衣橱和四柱床布置在卧室，而餐厅则必须摆放着一张敦实厚重的饭桌和缠绕着植物花茎的椅子长凳。

韩式田园风格：家具体现了小巧、精致、时尚的特点，适合亚洲家居较小的室内面积。

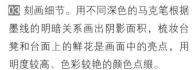

01 用两点透视表现梳妆台。为了使透视准确，在上墨线时可先用铅笔打稿再上墨线，然后用排线画出梳妆台的明暗面，方便马克笔上色区分。

02 白色的梳妆台可用暖灰色表现。

03 刻画细节。用不同深色的马克笔根据墨线的明暗关系画出阴影面积，梳妆凳和台面上的鲜花是画面中的亮点，用明度较高、色彩较艳的颜色点缀。

田园风格装饰品

英式田园风格： 植物纹样的窗帘、墙纸和抱枕，用皮面或者布面包装的精装书，精美的瓷器和风景画，甚至一些古怪的收藏品都是英式田园风格常用的装饰品。

01 徒手绘制茶具组合。为了表现英式田园气息，可先简单表现一下茶具上面的花朵，然后画出茶具投影。

02 用暖灰色将瓷器的背光面表现出来，画出其明暗交界线，然后用蓝色点缀茶具表面的花朵。

03 用深灰色加深投影，注意投影的方向要一致。然后用较亮的红色和蓝色突出茶具花朵，以及茶托上的食品，让画面看起来温馨和甜美并充满食欲。

美式田园风格：强硬粗犷的美式田园风格通过牛皮灯罩、皮革饰品和鹿角等装饰来体现。如果想温和一点，在硬木地板上搭配美国本土的织毯或者波斯地毯正是最佳选择。

01 画出鹿角吊灯的造型。注意鹿角的穿插关系，然后将右面轮廓加深。

02 用红棕色马克笔表现鹿角的固有色，不用全部画满，适当留白让画面透气，也适当预留一些光感。

03 用深棕色马克笔加重鹿角吊灯内部背光面的颜色，体现吊灯里外的层次感。然后用黄色马克笔在灯上添加黄色发光源，接着用黄色铅笔增加灯光环境色。

法式田园风格： 法式田园风格的铁艺除了常用在铸铁工艺的栏杆、台灯、桌子等装饰品外，还应用在手工摆件上，如时钟、镜框、花器等，主要用于呼应家具。小麦杆、公鸡玩偶等装饰品充满了法国气息，再配上一把紫色的薰衣草也许真会让人以为来到了普罗旺斯。雄鸡图案是法式田园风格中一个重要的主题，织品、墙纸和小装饰物上都留下了它的踪迹。一个铁艺雄鸡风向标足以向人表明，房主是法式田园风格的忠实粉丝。

01 绘制出公鸡玩偶的轮廓线，不必添加任何表面上的花纹，上色时用马克笔添加即可。

02 用亮度和纯度较高的马克笔颜色画出公鸡表面上不规则的花朵，注意表面排列顺序。

03 用暖灰色增加公鸡的明暗关系，让其有立体感，避免玩偶过平。

韩式田园风格： 这种风格的摆件要小巧精致，一些造型可爱的现代产品也是不错的选择，插花和花瓶应以粉嫩的颜色为主。

01 画出台灯线稿，注意表现出台灯灯罩表面布艺装饰下摆的柔软感。

02 用黄色画出台灯布艺灯罩和灯柱的颜色，然后用较深的暖灰色表现灯柱右侧面和投影。

03 用深棕色画出台灯暗面及灯柱上的花纹。简单描绘桌面上的相框及植物并画出桌面上的投影，让整个单体更加丰富。

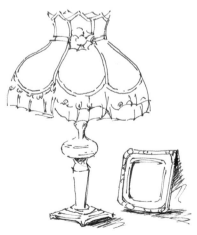

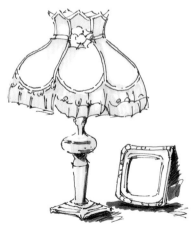

田园风格布艺

英式田园风格：材质和样式的多样性增加了空间的气氛，条纹格子和刺绣图案是理想的布纹选择。多皱褶的开合窗帘或罗马帘比百叶窗更合适，特别是花卉图案纺布和质感高贵的天鹅绒是最佳选择。

美式田园风格：这种风格中的印第安饰品不仅活跃了低沉的色调，更能带来浓郁的民族风情。粗陶器和美国西部特色小装饰品，很适合搭配以木头为主的硬装和实木家具。美国还有特别的传统工艺绗被，这种形式也被用来制成抱枕或者其他布艺品，成为美国田园风格的独特代表。

法式田园风格：棉布、薄亚麻布和绒绣被运用到抱枕、窗帘和坐具的覆面中，多元的材料选择和使用迎合了法式田园风格织品对活力和自然的强调。公鸡图案代表了法式田园风格中的农场动物。小船、教堂、农舍或街景，这些反应旧时乡村生活场景的图案也很受欢迎，彰显着生活的恬静和郊外的风情。

韩式田园风格：因为韩式田园风格强调一种较为简约的装饰趋向，所以布艺是韩式田园的灵魂。它主要通过布艺在床上用品、窗帘、沙发覆面和抱枕的大范围使用来突出装饰效果。

■ 地中海风格软装元素

地中海风格特点

地中海风格的主要特点是闲散的生活、田园般的柔美、极具亲和力、质朴、清新、单纯和明亮。

地中海风格色彩

蓝色和白色是地中海风格最经典的色彩搭配，海洋、蓝天和沙滩成为了地中海风格的配色标准。地中海风格的室内装饰品常以蓝白色调为主，所以值得注意的是这种单纯感会被太复杂的色彩搭配所破坏。

地中海有着复杂的历史和文化，加之不同文化的交融，也促使地中海风格的室内设计呈现出了不同的倾向：托斯卡纳风格偏爱温暖的米黄色，具有欧洲大陆的田园风；摩洛哥、西班牙和法国南部则喜欢浓郁多彩的颜色，如赭红色、中黄色、绿色、紫色等；希腊风格强调的则是蓝与白的纯净感。

地中海风格家具

地中海风格的主题是亲近自然，所以温暖的色调正好迎合这一主题，家具可以是原木色，藤和铸铁是地中海家具的主要材料。地中海风格的家具并不需要刻意追求华丽夸张的装饰，反而应该思考如何表现材质本身的美感，使用简单线条和低彩度色彩就会散发出大自然的清新气息。

地中海风格装饰品

　　地中海风格应选择与海洋主题有关的各种装饰品，如帆船模型、救生圈、水手结、贝壳工艺品、木雕上漆的海鸟和鱼等。

01 徒手绘制帆船模型，注意透视要准确，将视平线拉低，把画面画得平一些。然后在左侧面拟定一个光源，将帆船模型的投影画出来。

02 地中海风格中与海洋有关的饰品多用蓝色表现，因此用蓝色马克笔画出船身的颜色，为了颜色统一用蓝灰色画出白色船帆的光源色。

03 刻画细节。加深帆船暗面色彩以及投影，然后用高光笔画出船身的白色线条。

地中海的铸铁家具没有美国铁艺的那种粗犷，而是善于通过纤细线条对家具的结构进行表现，带来清新唯美的直观感受。各种灯具、蜡架、钟表、相架和墙上的挂件等铁艺工艺品都能彰显其风格特点。铁铸的把手和窗栏在拱门和马蹄状的门窗中，更是能突出浑圆的建筑造型和粗糙质感。

手绘表现

01 徒手画出铁艺吊灯。如果把控不好铁艺灯杆的弧度可以先用铅笔辅助打稿。弧线在一气呵成时容易画偏，可以适当断开绘制。

02 根据线稿细节画出吊灯的固有色。用冷灰色画铁艺固有色时，要在表面适当留白。

03 加深铁艺灯杆一侧以突出圆柱体层次。然后用高光笔增加表面高光，突出铁材质的质感。

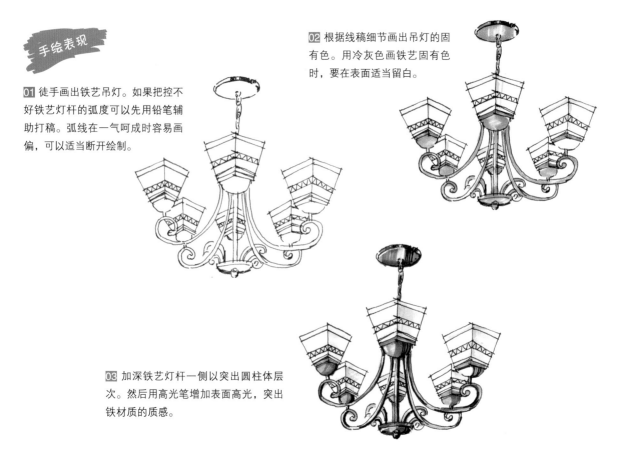

　　小块的马赛克和彩色瓷砖是地中海风格中较为华丽的装饰，这些装饰能呼应赤陶或瓷砖材质的硬装，让室内的风格突出而统一。颜色丰富的马赛克因为灵活的造型手段和自由的组合方式，被广泛地应用在墙面、镜框、桌面、灯具等装饰中。

　　与其他地中海家具相比，马赛克桌子的色彩和光泽使得室内色彩变得柔和平缓，增加了室内光辉，是必备的地中海特色家具。

手绘表现

01 在画墨线前可以先用铅笔起稿，方便准确找到透视。画面右边为了构图好看可用植物做收边处理。

02 地中海墙面用蓝色表示乳胶漆颜色，并适当地给吧台马赛克砖点缀蓝色，这样即与墙面颜色形成了统一，又体现了地中海风格的砖面特点。

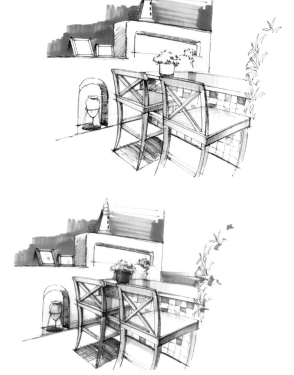

03 用灰色增加画面明暗层次，尤其是吧台与左面墙体的交接部分最暗，要着重加深，这样空间感会更明显。然后用绿色马克笔点缀台面上的植物，活跃画面。

地中海风格中的陶器通常分为两种，一种是质地粗糙的赤陶，这种赤陶制品通常被用来种花或装水；另一种是上釉的瓷器，通常作为餐具使用，为了配合用途通常在白底上用浓郁的颜色画出鲜果、植物的形象，这是辨认这种风格陶瓷的主要方法。

手绘表现

01 徒手绘制赤陶的线稿，注意陶罐组合的前后关系，并为此加上阴影。地面上用小短线增加一些草来丰富画面，然后用短线画出赤陶上粗糙的肌理。

02 画出陶罐的固有色，在明暗交界线处可以反复加深，使之有一定的立体感。

03 用深色马克笔加重明暗交界线和投影颜色，然后用较亮的色彩画出陶罐中植物的层次，接着用高光笔点缀一下水体溅出的水花。

地中海充足的阳光被鲜花和蔬果带入生活，薰衣草和向日葵等色彩鲜艳的元素让室内充满活力。地中海的人们喜欢把大盆的新鲜蔬果摆放出来，展示了人们对自然馈赠的感恩和对生活的满足。

01 徒手绘制果盘。注意圆形透视，投影方向要一致，水果之间的穿插和遮挡关系要用排线表现出来。

02 用蓝绿色马克笔画出果盘的固有色，然后选用一些鲜艳的颜色增加水果的食欲，也为画面增加活力。

03 加深暗面，丰富画面，增加物体体积感。主要使用蓝灰色加深投影以及果盘的明暗交界线，水果不需要仔细刻画，像素描一样画出块面感即可。

地中海风格中常用木质和藤质的各种生活小用品，如果盆、大盘子、收纳盒等，这些小用品既实用又能强调田园气氛，流露出高贵的诗意。

01 用一点透视表现收纳柜。画之前可先用铅笔起稿，视平线放低一些，将柜子顶面画得平一些，抽屉上竹编纹路要用针管笔表示清楚，然后画出地面投影。

02 用红棕色马克笔绘制出柜体的固有色，然后在竹编纹理处适当加深纹理缝隙。

03 完善画面颜色，丰富细节。然后用深色马克笔加深柜体边缘缝隙，接着用深色马克笔画出背影以突出柜体。

地中海风格布艺

地中海风格中圆环穿杆的悬挂窗帘形式应用最为广泛。窗帘杆则大多采用纤细的黑色铸铁杆，朴素而易于保养，其他使用较多的窗帘杆则是罗马式平面帘与木质百叶窗。抱枕常有流苏等复杂装饰，主要依靠颜色纹样的搭配来营造视觉效果。在室内布艺的应用上，除了常用的抱枕、床上用品和窗帘外，地中海风格经常使用各种被毯，随意地披在桌子、沙发或者床上，能增加轻松的气氛。

棉麻布料尤为适合粗糙的灰泥面和各种瓷砖，而轻纱则能有效滤过阳光而不挡住气流。简单明快的特点让素雅的条纹总是大受欢迎；地中海风格的设计灵感和海洋息息相关，希腊地区的布艺总是充斥着各种帆船、鱼虾、贝壳的形象；来自山地的植物，如柠檬、橄榄叶、爬藤也给予了此风格设计师大量的灵感；一些朴素的、几何形状的古老图案与植物纹样结合，变幻出了独特的美感。

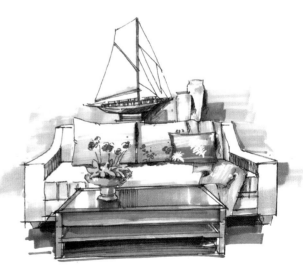

01 软材质的沙发不需要用直尺辅助，直接徒手绘制即可。绘制线条时外轮廓线可以加粗，里面装饰线条要画得柔软一些，可断开绘制。

02 画出沙发组合的固有色。先用冷灰色画出现代茶几光滑的质感，可在茶几表面竖向绘制表现反光。沙发用暖灰色平涂，坐垫是受光部分可以留白。

03 为了丰富画面，画出蓝色环境色，这可以更加明显地表现出地中海墙面风格。沙发上抱枕的花纹用纯度高的马克笔画出肌理，增加抱枕内容，然后用深色加深画面投影，丰富画面层次。

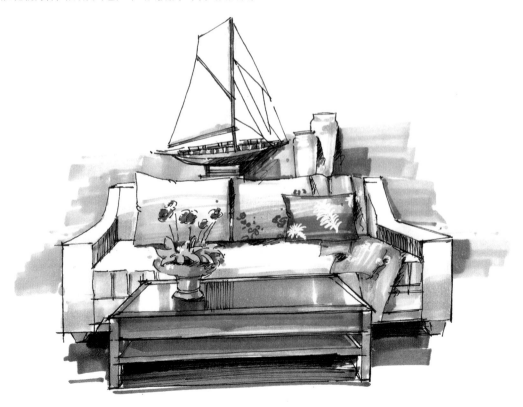

■ 日式风格软装元素

日式风格特点

　　日式风格又称和式风格，具有清新自然、简洁淡雅的特点。日式风格特别重视营造意境，追求闲适自然的生活境界，具有独特的魅力。

01 日式风格家具颜色比较清新，细节也比较简单，家具比例稍矮，在绘制时应当注意，线稿完成后用深色马克笔加深投影。

02 用浅黄色马克笔画出桌椅木质色彩，桌面上适当留白，椅子坐垫部分用冷色做对比色彩表现。

03 刻画细节，增加暗面，加强家具体积感。

日式风格色彩

　　日式家具的传统用色是"白、黑、青、赤"。因为在硬装和软装中，日式家具总是离不开竹子、木头和草席这样的天然材质，所以木色自然而然地成为了日式家具的主要基调。

日式风格家具

　　日式风格的室内设计中，原木色在空间中大量使用，竹、藤、麻和其他天然材料及颜色形成日式风格特有的朴素与自然。传统的日式家具追求清新自然、简洁淡雅，日式家居环境所营造的闲适写意、悠然自得的生活境界，也许就是我们所追求的。

日式风格装饰品

　　深入观察日本的手工艺品，就会发现日本的工匠对待手工艺品的忘我态度十分罕见。日本工艺总是将质朴与繁复的美感紧密地结合在一起，当造型简单的工艺品遇上精致的花纹，再素雅的器具也会从细节处迸发出巧妙而精密的美。

　　茶道是一种对简约地自由崇拜，而形状不均匀的瓷器所体现出的活泼与粗狂，正巧承载了这种清澄恬淡的品质。瓷器"不规则、不事雕琢和故意缺少技术上的熟练技巧"正是一种不完美的美，这种风格的精神也正是茶道本身的精髓。

　　日本的花艺精髓是模拟自然，这种延续枯山水的精神与形态，提炼出人在疏枝密叶间、在有与无之间的内心体悟。

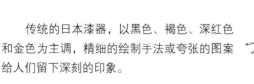

　　传统的日本漆器，以黑色、褐色、深红色和金色为主调，精细的绘制手法或夸张的图案给人们留下深刻的印象。

■ 现代风格软装元素

现代风格特点

现代风格由包豪斯设计学院在1919年创立，具有造型简洁、无过多的装饰、重视发挥材料性能的特点。在装饰与布置中最大限度地体现空间与家具的整体协调，造型方面多采用几何结构，这就是现代简约时尚风格。

现代风格色彩

现代风格对色彩的选择是所有风格中包容性最大的。在北欧风格和后现代主义的影响下，现代风格一改常用黑、白、灰色系和木色系的单一用色习惯，转向丰富色彩，明快色调。不过现代风格的用色也有自己的规则，一般来说，室内不会超过2~3个主色调，并将复杂的颜色和花纹控制在如一个抱枕、一张画或一把椅子等极小的范围内，与古典风格让花纹满布在各种家具和工艺品上的方式大相径庭。

现代风格装饰品

现代风格装饰品的灵感来源于各种现代抽象艺术品，造型简单、干练且落落大方，当然也有一些装饰品外观灵活自由，有着律动的曲线和有机的形态组合。

现代风格家具

现代风格特别强调对空间的欣赏，因此家具必须既要遵从功能和动线的需要摆放，也要注意分割出视觉上的美感。在玻璃、钢材和混凝土等建筑主题的映衬下，线条清晰的几何结构家具就成为了室内的关键要素。它们造型简单，线条明朗考究，这也是为什么设计师不得不反复推敲什么形状的家具适合什么样空间的原因，在没有那么多装饰的室内空间，一件家具就能决定整个装饰设计的成败。

■ 新中式风格软装元素

新中式风格特点

新中式风格的关键是传统、中庸、淡雅、闲适、中正平和之美。

新中式风格色彩

因为古典中式风格注重营造庄重、宁静的视觉感受，所以暖棕色和黑灰色的古朴沉着是最为合适的主色调。新中式风格的设计师受现代主义的审美观影响，开始灵活地使用各种中性色来表达自己的思想和理念。

另一个色彩体系是传承于中国文化的观念性色彩，譬如彰显皇家风范的明黄、代表喜庆吉祥的大红、提炼于青花瓷中的蓝色与空灵飘逸的水墨黑等，它们具有鲜明的符号意义，承载着中国隐性文化中的各种引申含义。现代设计师使用它们唤起人们的记忆，以此表达所需要的感觉。

新中式风格家具

中国传统家具样式主要有8种，每一种又有许多不同的样式。例如，椅子有交椅、宝座、太师椅、圈椅、官帽椅、玫瑰椅、靠背椅、禅椅和鹿角椅；凳子有方凳、鼓凳；床有榻、罗汉床、架子床和拔步床；桌子有八仙桌、褡裢桌、圆桌、半桌和条桌；案有平头案、翘头案、卷书案和架几案；几有香几、炕几；柜格有面条柜、架柜、多宝格、亮格柜和闷户柜；屏风有围屏、地屏、插屏和挂屏。

中式家具的设计手法

借形：中国传统家具所具有的独特形态为人所津津乐道，而新中式家具最常用的手法就是在尽可能保留原有结构的基础上进行改造。改造不仅要给人全新的感受，也要兼顾到让家具看起来仍然是人们平日熟知的样式。这种似是而非的新鲜感无论是对于设计师还是使用者而言，都是极为美妙的审美体验。

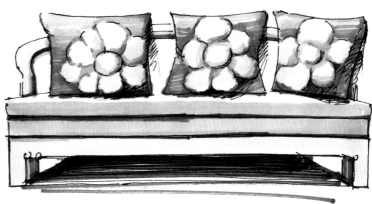

02 用黄色马克笔画出沙发的固有色。为了有对比，用蓝色马克笔画出抱枕的固有色。

01 用一点透视表现沙发。在绘制线稿的时候将视平线放平，让坐垫部分显得较平，画抱枕时用线要柔软，适当绘制出一些褶皱。

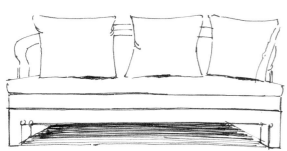

03 刻画细节。用深蓝色画出抱枕花纹外部颜色，增加与花纹的对比让花纹突出，然后用深色加重沙发底部投影。

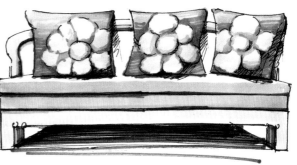

借意：人们喜爱中式传统家具，往往是因为中式家具的发展历程浸润着皇家贵族和文人墨客对中国的儒道与禅道孜孜不倦的精神追求，这些流露着恬静安然、淡雅致远的气息的高贵家具充满了禅意与质感。特别是硬木制作技巧日趋成熟后，中式家具不管是木制还是藤编，都能展现原来的质感和色彩。

借元素：设计师抽取中国传统装饰符号，通过简化、夸大或抽象化的处理，与现代风格的家具进行融合。

01 用一点透视绘制电视柜组合。视平线略放低一些，同时注意让线条显得较松软。

02 用浅灰色画出电视和电视柜的固有色。电视柜表面留白表现高光，电视的反光可在电视柜表面竖向用笔表现。

03 用深灰色马克笔加深家具暗部。为表现电视柜表面的光滑质感，可随意在电视柜表面画出几条斜线。

新中式风格装饰品

　　新中式风格装饰品造型简练且朴素大方，它们的灵感来源于各种现代抽象艺术。

01 徒手画出灯笼吊灯线稿，注意吊灯的前后遮挡关系和近大远小的透视感。

03 用深色马克笔画出灯笼吊灯厚度，让其更有层次。

02 用棕色画出木作灯笼的固有色，然后用黄色马克笔画出灯光的颜色，但不要画得过满，这样能更好地表现灯罩的通透性。

01 绘制青花瓷瓶线稿。瓷瓶表面上的荷花也要进行简单绘制。

02 用蓝色画出瓷瓶的固有色，留出表面荷花颜色。

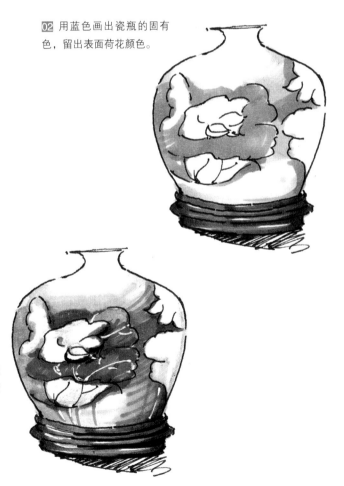

03 刻画细节。用彩色铅笔画出荷花表面的浅蓝色，然后用深蓝灰色马克笔画出陶瓶明暗交界线以加强立体感，接着画出陶瓶底座，最后用高光笔画出荷花枝干。

新中式风格布艺

　　新中式风格的布艺强调对中国传统纹样的运用，虽然中国传统纹样不胜枚举，但究其核心就是讲求对称与平衡。这种纹样蕴含着吉祥如意的期望，寄托了人们对居室和生活的祝福。值得一提的是，靠垫、地毯和窗帘等织品必须在颜色和图案等各个方面呼应主体风格。当布艺能够展现出和谐的效果时，新中式风格的精髓也就得到了体现。材质上，因为需要很好地体现出新中式风格的典雅，通常丝质和刺绣的布艺最受青睐。

手绘表现

01 画出抱枕的轮廓，然后画出底部投影和侧面投影。抱枕的线条要用得比较柔软，绘制抱枕时要注意观察抱枕形态。

02 用蓝色画出抱枕的固有色，上色规律是由下至上颜色逐渐变浅。

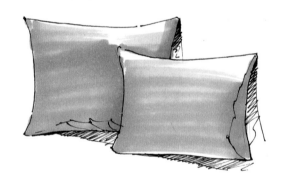

03 为了表示出中式风格抱枕的特点，用高光笔画出代表中式风格的几何花纹，增加抱枕细节。

第 8 章

室内设计方案手绘探讨与绘制

室内设计的每一个方案都要求精益求精，一个完美的设计方案需要设计师经过以下四个步骤，才能交给客户一个满意的答卷：第一步是初步方案设计；第二步是与客户沟通或设计小组讨论；第三步是草图方案表现，完善设计方案；第四步是CAD施工图纸绘制。

- 两室一厅家居设计方案探讨与绘制
- 三室两厅家居设计方案探讨与绘制
- 别墅家居设计方案探讨与绘制

8.1 两室一厅家居设计方案探讨与绘制

两室一厅家居也称为两房一厅、套二或两居室，是室内家居设计方案中的主力户型，因此两室一厅室内设计具有典型的代表意义，本节我们来讨论通过手绘完善两室一厅室内设计方案的过程。

■ 原两居室室内设计手绘分析

原始户型图分析

接到客户单子时，需要设计助理完成量房，同时通过手绘将整个室内空间的尺寸和功能分区清楚地绘制出来，但是在如下所示的草图中我们可以看到，设计助理所表示的内容缺少了一些必要的细节。

第一，卫生间和生活阳台的水管未标记出具体的位置和数量，如图中标记1、2、3所示的位置。

第二，厨房和生活阳台的地漏未标记出具体的位置，如图中标记4、5所示的位置。

第三，地面标高没有标明。

第四，过梁的位置也需要用虚线表示出来。

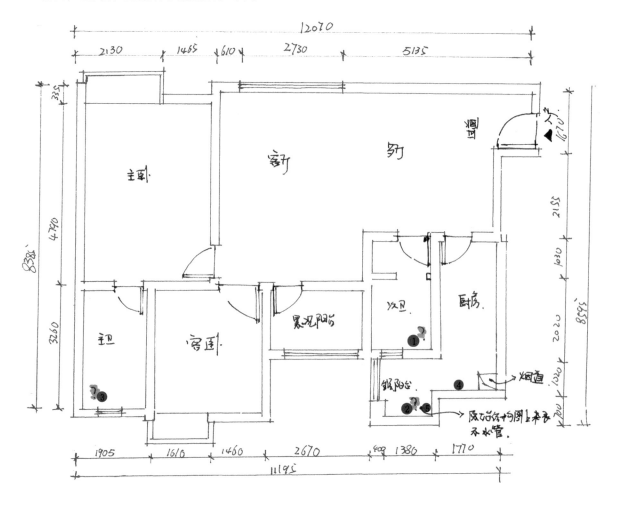

原始户型墙体拆除和新建图分析

　　黄色记号部分代表将要拆除的墙体，黑色排线记号部分代表将要新建的墙体。

　　原始户型中，景观阳台不仅面积不大而且还用了实墙分割，在其使用功能上利用率低，因此需要将实墙拆除。

　　次卫的门与餐厅相对，草图中新建墙体将原来的门封掉，把卫生间门移动至左边。但这样的做法也没有实现卫生间门与休息区域的分割，不卫生的隐患同样存在。

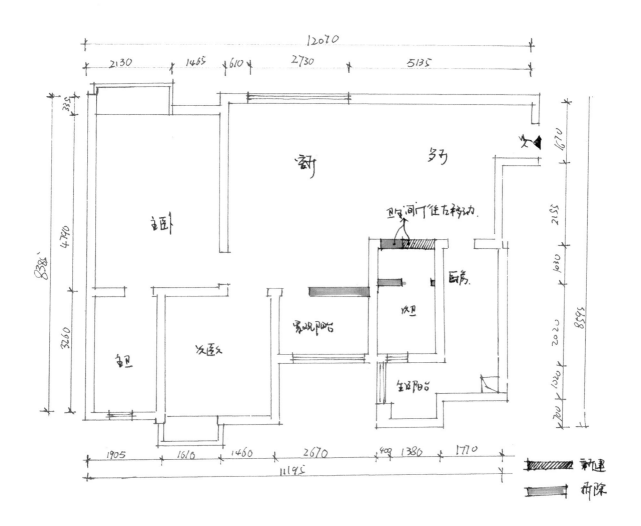

平面布局图分析

设计助理分析原始户型图后画出的草图布局如下所示。但在图中仍然有以下不足之处需要改进。

第一，划分餐厅与客厅的矮墙隔断长度过短，显得电视墙比较小气，如图中标记1所示的位置。

第二，餐厅与玄关空间布局中内容单调，右侧剩余空间面积过大，未完全利用，如图中标记2所示的位置。

第三，次卫生间的门经过修改之后仍没有解决根本的问题，如图中标记3所示的位置。

第四，厨房空间狭长，厨房门可考虑为推拉门，如图中标记4所示的位置。

第五，儿童房学习空间没有将飘窗利用起来，如图中标记5所示的位置。

第六，主卧室L形整体衣柜围合的空间没有最大化利用，如图中标记6所示的位置。

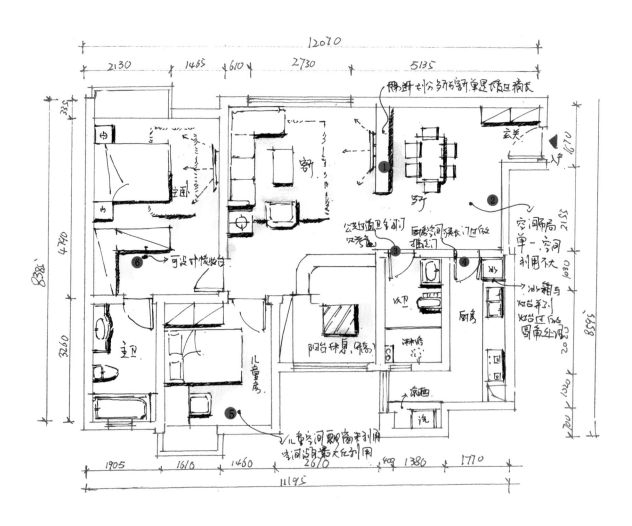

地面材质铺装示意分析

　　客厅和餐厅公共区域面积较大，做整体800mm×800mm的地砖斜拼，但是地面铺装单调，并且也没有将餐厅与客厅区分出来。

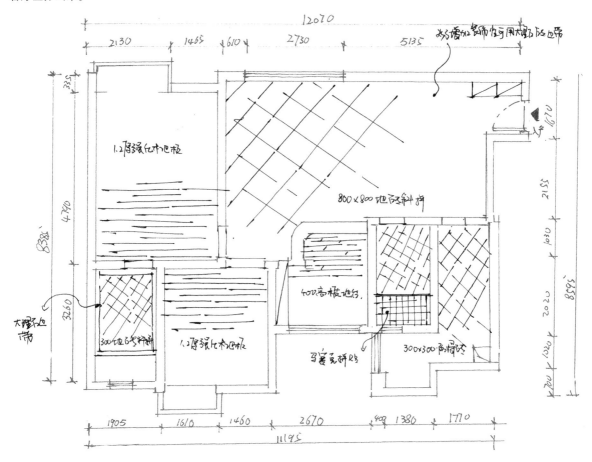

餐厅与玄关立面设计草图分析

　　首先，本方案设计为现场制作鞋柜，从立面图中可以看出柜底到地面的距离太大，如图中标记1所示的位置。

　　其次，砖砌电视墙宽度为300mm，没有最大化利用矮墙设计，比如矮墙与餐厅备餐柜结合设计，如图中标记2所示的位置。

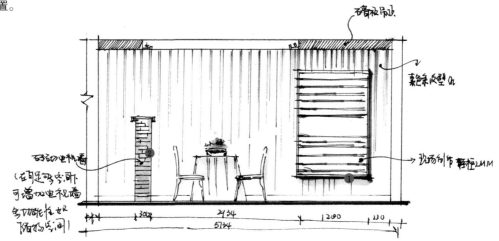

电视墙和景观阳台榻榻米立面设计分析

首先，电视墙面安装电视机位置太矮，不符合人体工程的基本数据，如图中标记1所示的位置。

其次，入户的墙面装饰太少，显得有些空，如图中标记2所示的位置。

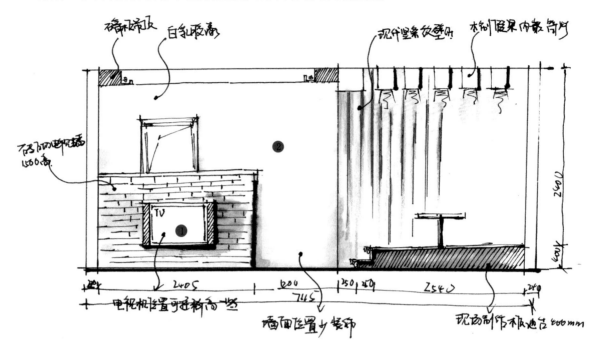

■ 两居室空间设计方案修改及CAD图绘制

标准的原始框架图CAD绘制

对设计助理草图进行分析并提出修改意见后，用CAD绘制出标准的原始框架图。

第一，卫生间、阳台、厨房处水管和地漏要标明，如图中标记1所示的位置。

第二，顶面过梁用虚线标明，如图中标记2所示的位置。

第三，地面标高。由于卫生间是下沉式的，所以要将下沉的高度表示出来，一般用负数表示，如图中标记1所示的位置。

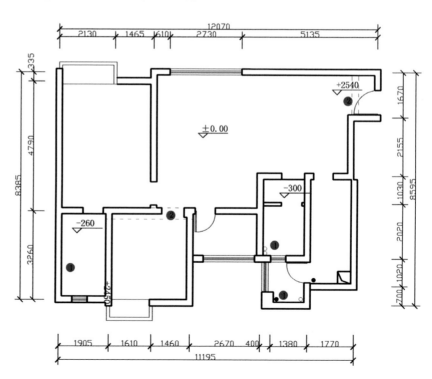

原始户型墙体拆除和新建图CAD绘制

新建墙体将次卫生间门封掉，然后在生活阳台处新建卫生间门，既避免了卫生间与休息区的干扰，又方便生活阳台洗涤、晾晒衣物，如图中标记1所示的位置。

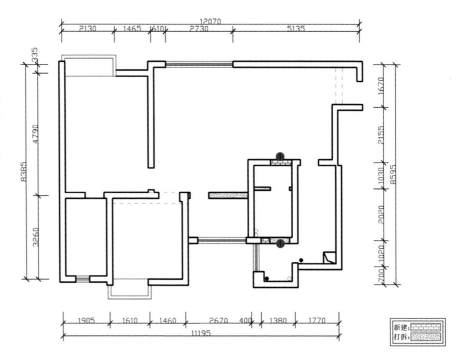

面积周长计算图CAD绘制

将新得到的户型结构里面各个使用空间的面积和周长计算出来，按如图所示的方式标识，作为预算的面积依据。

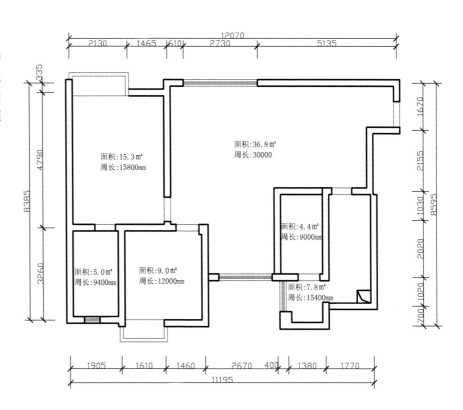

平面布局CAD绘制

第一，在进门处左侧空间设计了一组装饰柜，可储酒储物，也可放置装饰物美化空间，如图中标记1所示的位置。

第二，卫生间门改动至生活阳台，如图中标记2所示的位置。

第三，厨房门由平开门修改为推拉门，如图中标记3所示的位置。

第四，将儿童房的飘窗结合书桌，打造宽敞的儿童学习空间，如图中标记4所示的位置。

第五，主卧中衣柜设计时，考虑隐形的梳妆台，增加L形衣柜围合，增加空间的利用率，如图中标记5所示的位置。

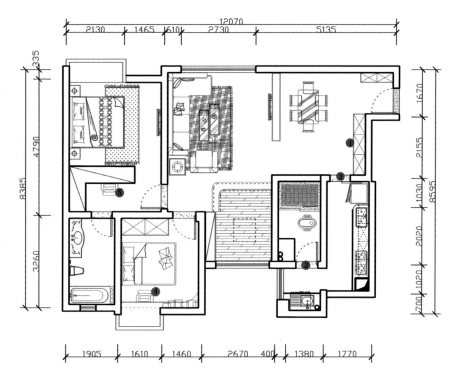

地面材质铺装图CAD绘制

地面材料与天棚共同辅助营造室内空间，客厅、餐厅没有明确的隔断分割，但两个不同功能的空间需要通过地面材质的变化及天棚造型的暗示，共同营造空间分区，这种手法也称为虚拟空间，材质铺装图如右图所示。

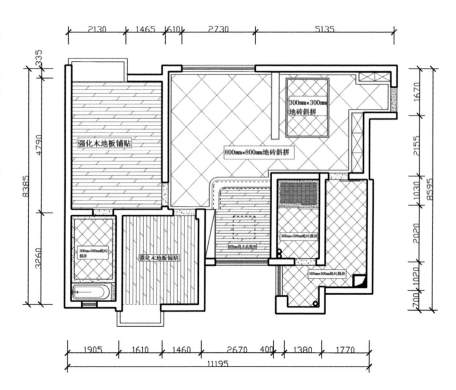

顶面设计图CAD绘制

顶面设计要注意与地面空间功能相呼应，即通过顶面能辅助划分出不同的使用空间。同时需要注意顶面设计的整体性，各个不同空间之间要注意有一定的连续。

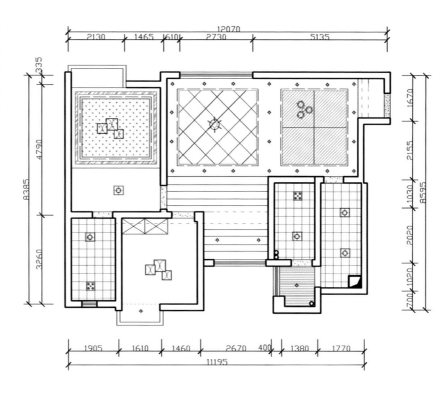

电视墙与木质榻榻米立面图CAD绘制

根据前面对立面草图的意见，在CAD绘制时增加电视墙长度，提高电视机安装的位置。

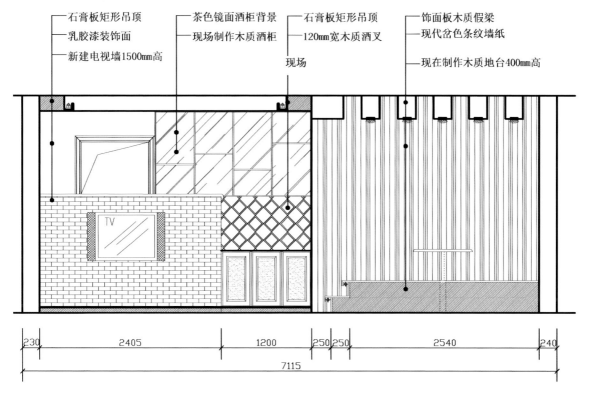

玄关和餐厅立面图CAD绘制

为了充分利用空间将电视墙右侧做成备餐柜，提高实用性。

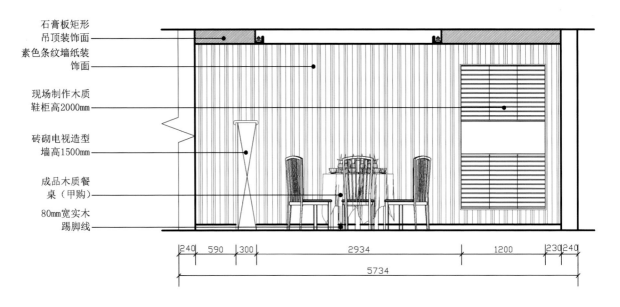

石膏板矩形
吊顶装饰面

素色条纹墙纸装
饰面

现场制作木质
鞋柜高2000mm

砖砌电视造型
墙高1500mm

成品木质餐
桌（甲购）

80mm宽实木
踢脚线

240　590　300　2934　1200　230　240

5734

入户玄关立面和厨房立面图CAD绘制

统一是美学中的总法则，整个室内设计中不同空间之间的造型应通过一定的元素将其统一，这样在室内空间就能形成有序的变化。如下图所示，厨房的斜拼墙砖与玄关的倾斜木质酒叉之间就形成了统一。

石膏板矩形吊顶
原建筑下翻梁
乳胶漆装饰面
现场制作木质鞋柜
80mm宽实木踢脚线

石膏板矩形吊顶
茶色镜面背景
现场制作木质酒柜
120mm×120mm木质酒叉
现场定制木质柜门

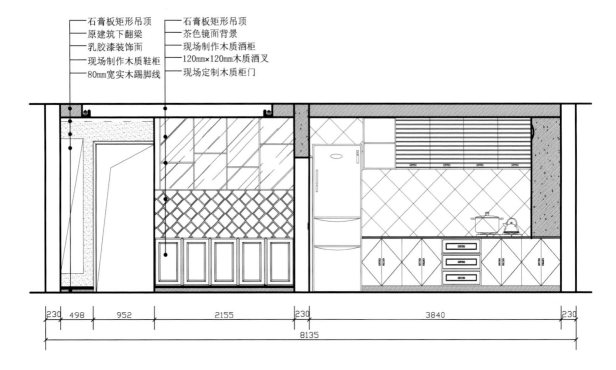

230　498　952　2155　230　3840　230

8135

8.2 三室两厅家居设计方案探讨与绘制

三室两厅户型在我国属于改善型户型，大多数有两个卫生间，这种户型也称为"三室两厅双卫"。其中，三间房的使用大多数为两间卧室，一间书房；两个卫生间中一个卫生间为主卧室专用，另一个为共用。

■ 原室内设计方案手绘分析

原始户型图分析

设计初步阶段，设计师或设计助理需要到现场量房，并徒手绘制出室内框架图，这个阶段记录越详细，在后面设计中就有更多的信息指导我们的设计，出错的可能性就越小。如下图所示，草图中有很多必要的细节没有标明，这样会导致在后期的设计中出现不必要的麻烦。

第一，强电箱及弱电箱的位置没有在图纸中标明，如图中标记1所示的位置。

第二，厨房、卫生间、阳台的水管和地漏没有将位置和数量标明，如图中标记2所示的位置。

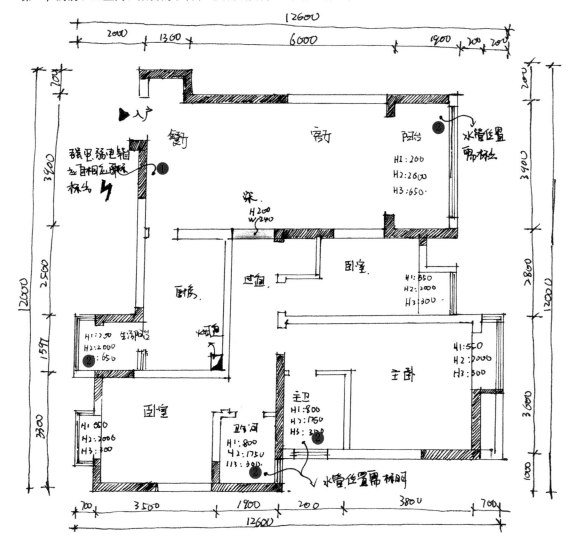

原始户型墙体拆除和新建图分析

在草图设计中，助理通过墙体的拆除与新建改变了卧室与卫生间的关系，图中黄色马克笔标记部分代表将要拆除的墙体，蓝色马克笔标记部分代表将要新建的墙体，但是这样得到的新空间仍然有一些不足之处。

如图中标记2所示位置的墙体，虽然增加了卫生间的面积，但是在主卫设计了两扇门，将其作为公共卫生间使用，这样就削弱了主卧的私密性。

如图中标记3所示位置的墙体，将次卫门设计纳入次卧中，降低了次卫的公共使用性。

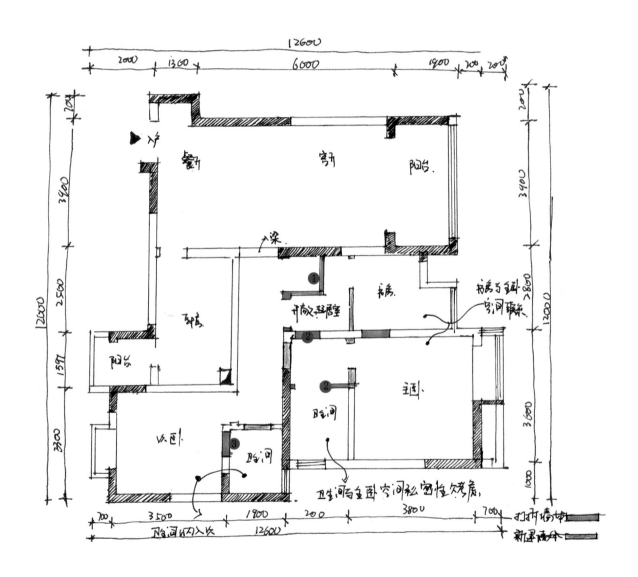

平面布局图分析

从平面布局可以看出，拆除和新建墙体后空间多出一个休息区，提升了空间利用率，但是在功能考虑上出现以下不足。

第一，主卫生间双开门的设计，让主卧失去了私密性，如图中标记1所示的位置。

第二，次卫生间纳入次卧，降低了卫生间使用率，如图中标记2所示的位置。

第三，卧室空间电视墙距离床头位置较远，在设计中只考虑一个壁挂式电视机，从构成设计的角度讲属于构图不饱满、空间不丰富，如图中标记3所示的位置。

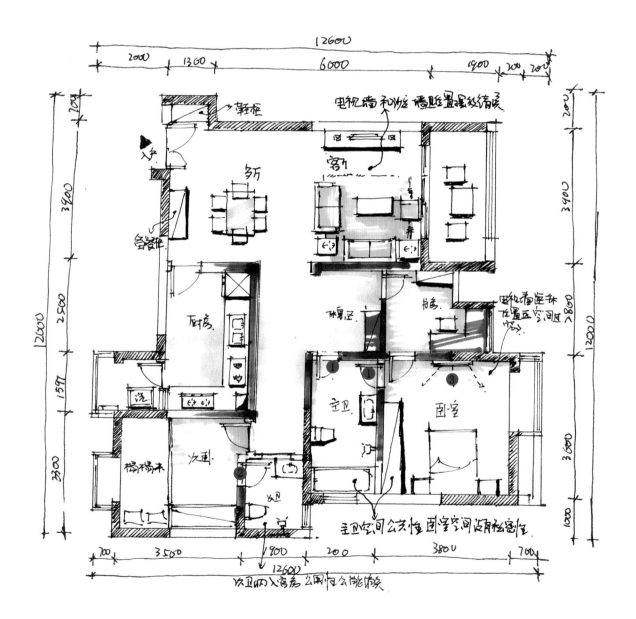

餐厅与玄关立面分析

　　首先， 餐厅墙面不锈钢圆形造型在墙面上过于集中，没有聚散关系，在设计美学原则中欠考虑。

　　其次， 不锈钢材质冰冷，运用在餐厅中与木质餐桌搭配不协调。

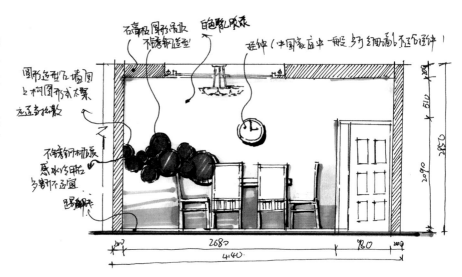

主卧床头背景墙及主卫立面设计分析

　　首先， 床头背景墙面用石材饰面营造的氛围较冷且比较生硬，应选择软材质或暖色调材质。

　　其次， 空间中没有用到踢脚线，墙面与地面交接处没有收口，在视觉上会显得生硬不自然，在做卫生时极容易将墙面弄脏。

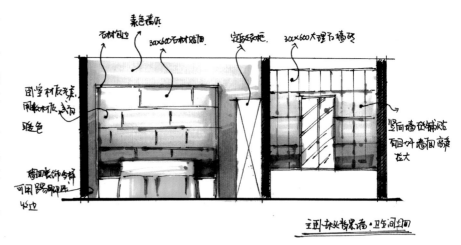

餐厅及电视墙立面造型设计分析

　　首先， 餐厅立面与客厅立面面积分割过于均匀，造成主次不分。

　　其次， 电视墙造型过于老旧，且与餐厅圆形造型不统一。

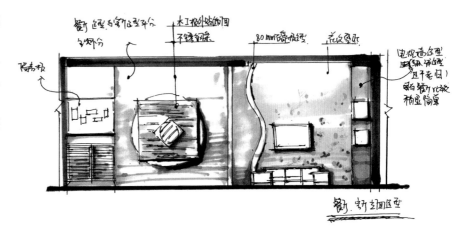

三居室室内设计方案修改及CAD图绘制

标准的原始框架图CAD绘制

草图分析后用CAD画出标注完善的原始框架图，需要标记出图中1所示位置强弱电箱、图中2所示位置地漏水管和图中3所示位置窗高，其中H1表示顶到窗户上缘的高度，H2表示窗户高度，H3表示地面到窗户下缘的高度。图中4所示位置过梁用虚线绘制，其中H表示梁的高度，W表示梁的宽度。

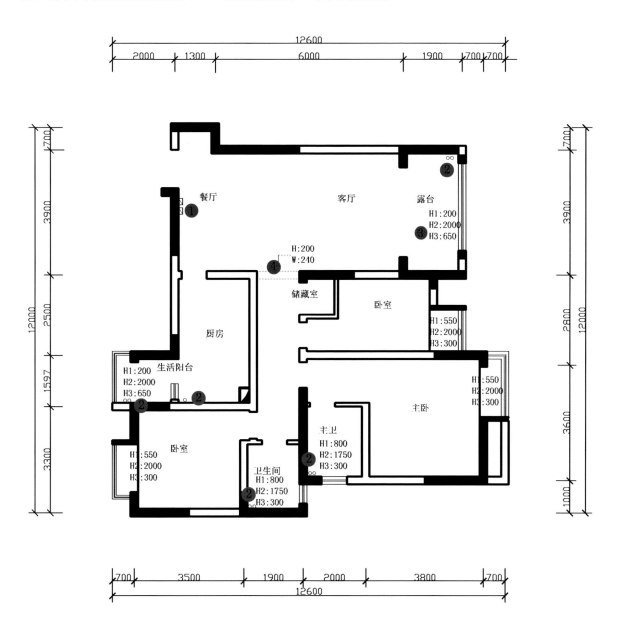

拆除的墙体图CAD绘制

　　点排列标记处为将要拆除的墙体。CAD绘制结果如右图所示。

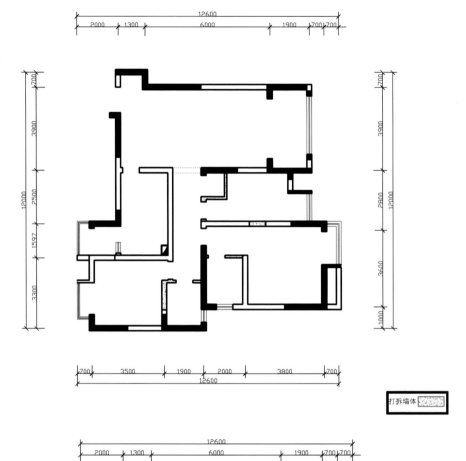

打拆墙体

新建的墙体图CAD绘制

　　主卫纳入主卧保持不变，次卫门向次卧移动避开与过道相对，两个卫生间功能性保持不变。修改后CAD绘制的新建墙体图如右图所示。

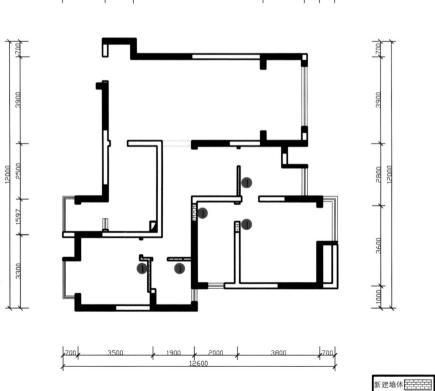

新建墙体

地面铺装图CAD绘制

通常会使用不同规格、不同种类的材质以区分不同的使用空间，注意不同房间之间要有一块"收边"石材，过道处采用斜拼地砖，并做边带收边处理。

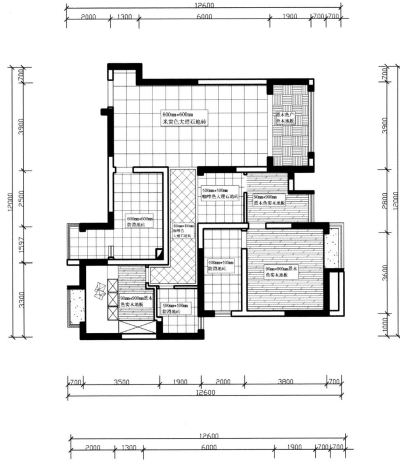

平面图CAD绘制

第一，增加一个开敞式休息空间，增加空间使用率，如图中标记1所示的位置。

第二，将书房纳入主卧，增加主卧面积，保持主卫与主卧的私密性联系，如图中标记2所示的位置。

第三，主卧电视墙软装饰中取消壁挂式电视，放置电视柜缩短与床的距离，如图中标记3所示的位置。

第四，保持次卫生间的公共性，将门向次卧位置移动，如图中标记4所示的位置。

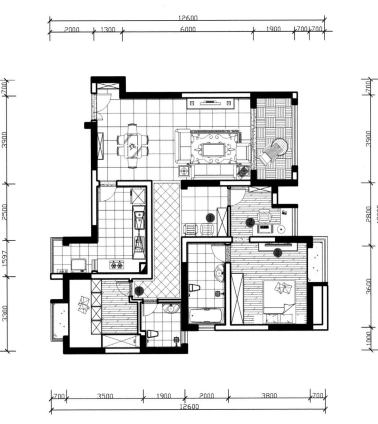

主卧及主卫立面图CAD绘制

将背景墙立面石材装饰换成木纹板材，墙面装饰素色墙纸，让空间变得温暖；增加踢脚线。

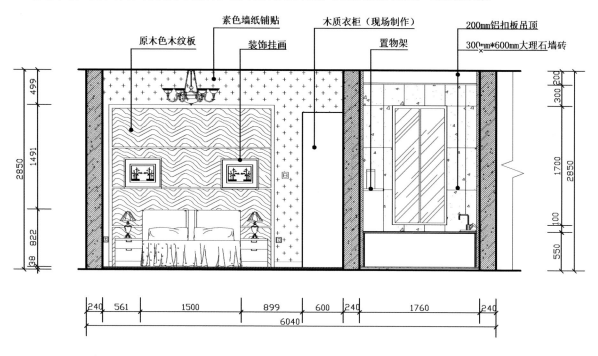

餐厅墙面图CAD绘制

用木材质造型与餐桌材质相呼应，并且让其在形式上有聚有散。

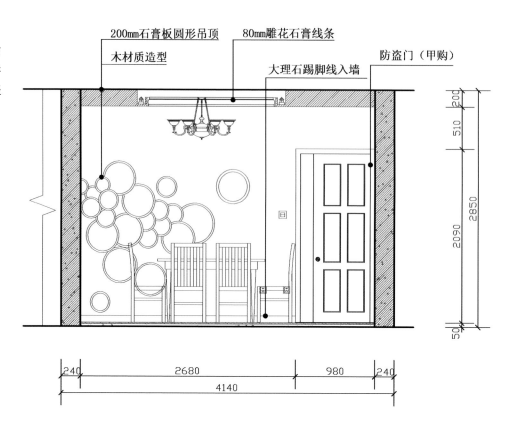

厨房立面图CAD绘制

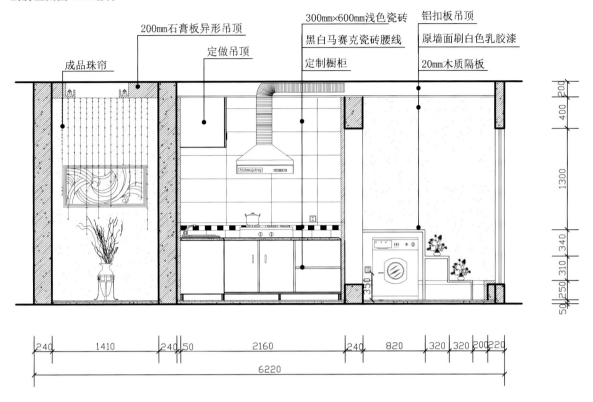

电视墙及餐厅立面图CAD绘制

第一，由于电视墙面与餐厅无明显分割线，需要用条形茶镜统一电视墙面，中间用石膏板勾缝，象征性地区分客厅与餐厅空间。

第二，用照片墙代替复杂的餐厅造型，使客厅成为整个空间中的主要部分，以达到主次分明的审美原则。

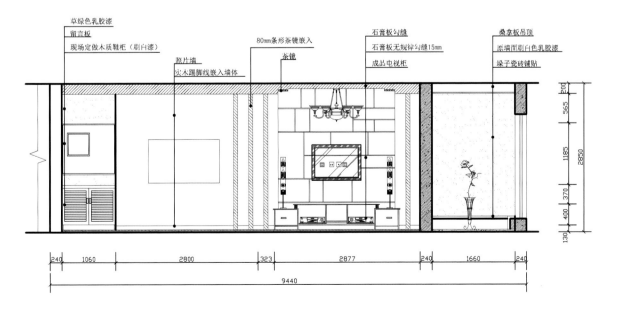

书房和休息区及主卫立面图CAD绘制

书房用墙纸贴面，这样显得比较温馨。现场制作家具时要注意，一定要有详细的尺寸，如果有特殊工艺则必须要有结点大样图。

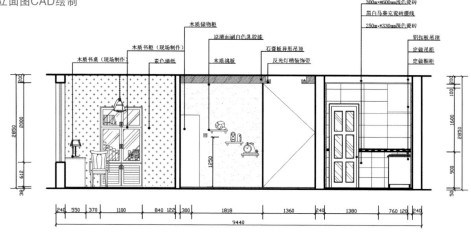

8.3 / 别墅家居设计方案探讨与绘制

别墅家居设计在我国属于高端室内设计，因其建筑面积大，建筑本身注重美学设计，因此别墅设计与一般的住宅设计有着明显的区别，它从装修的层面真正上升到空间设计范畴，更需要注重空间整体效果。别墅设计针对的是少数消费者，需要满足高端人群对高品质生活的追求，安全感、舒适感和私密性是别墅的基本追求。

■ 原别墅室内设计手绘方案分析

别墅一楼原始平面图分析

别墅设计时，设计师要在空间划分上反复思考与规划，拿到量房后的设计草图要认真分析空间划分是否合理。如图所示的一楼原始平面图中包含车库、门厅、前室、厨房、客厅、门廊和卧室空间，整个空间划分太"碎"，因此需要在墙体改造中对室内空间做整体划分。

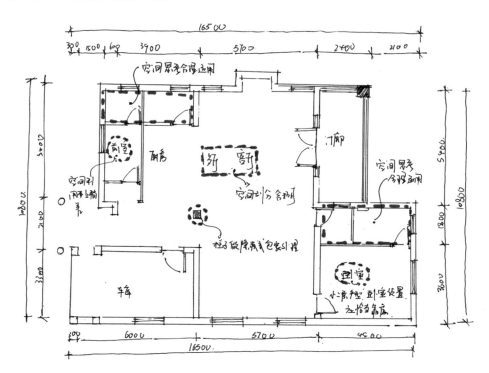

一楼原始结构图墙体拆除分析

　　图中黄色记号部分是计划拆除的墙体。墙体拆除后琐碎空间得到了整合，再根据实用性考虑空间的划分，就容易多了。需要注意的是，如图中标记1所示位置的承重柱是不能拆除的，确实因为承重柱影响空间划分与美观的，可考虑将其弱化处理。

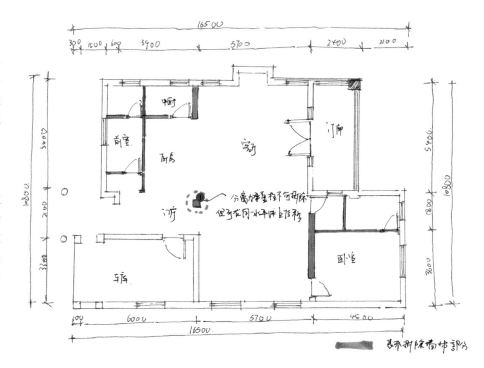

新建墙体分析

　　第一，将承重柱作为新建墙体的一部分，这样柱子得以隐藏，如图中标记1所示的位置。

　　第二，保姆房面积过小，空间过于狭长，而次卫空间又过大，如图中标记2所示的位置。

　　第三，开敞式的厨房设计不符合中式家庭生活需要，如图中标记3所示的位置。

　　第四，会客厅划分到厨房和餐厅区域，规划不合理，如图中标记4所示的位置。

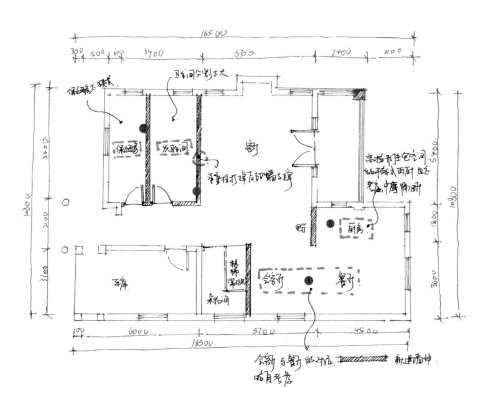

209

平面布局分析

第一，保姆房床摆放的位置不宜靠窗，应考虑设置一个榻榻米，如图中标记1所示的位置。

第二，卫生间墙体到浴缸之间预留的平台空间过宽，如图中标记2所示的位置。

第三，厨房设计可以考虑的更全面一些，如西式厨房与中式厨房的结合，如图中标记3所示的位置。

第四，会客厅的面积过于狭小，如图中标记4所示的位置。

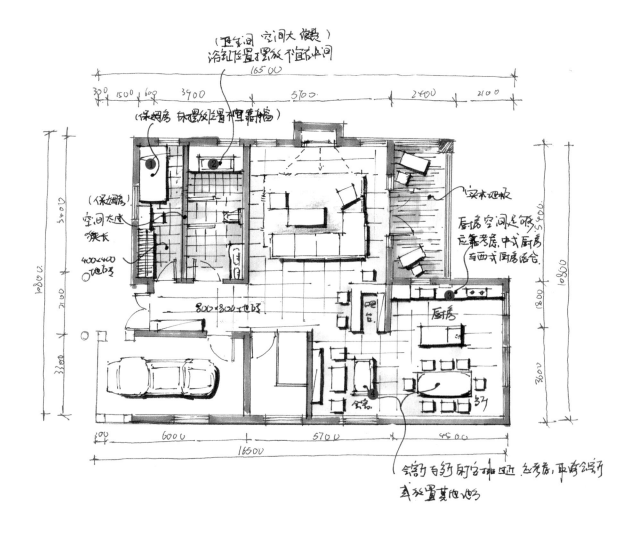

地面铺装示意图分析

第一，卫生间中，沐浴区与洗漱区可以用不同规格的地砖加以区分，在细节上才会做到高品质设计。

第二，会客厅统一使用800mm×800mm的地砖铺贴，因面积比较大，在地面铺装上可以增加一些细节，以丰富视觉效果。

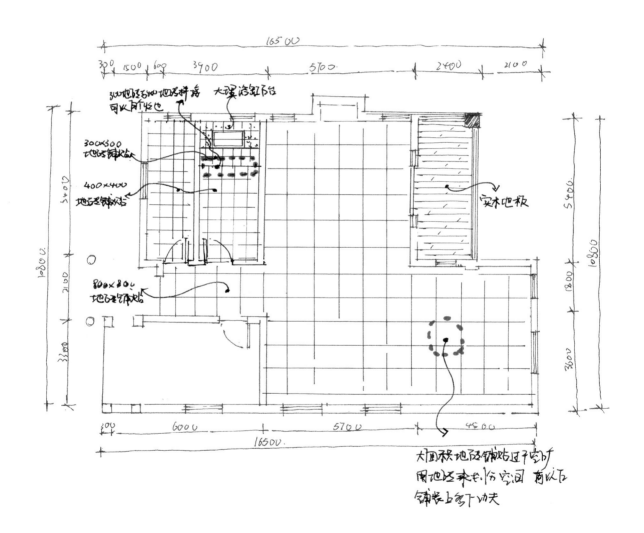

二楼原始结构分析

　　根据二楼的户型草图我们可看出原有户型有以下不足。

　　第一，主卧室衣帽间空间过小，卫生间空间划分太多，空间不能最大化利用，如图中标记1所示的位置。

　　第二，过道公共空间过于宽敞，利用率低，如图中标记2所示的位置。

　　第三，儿童房空间比较小，应考虑对露台空间的合理利用，如图中标记3所示的位置。

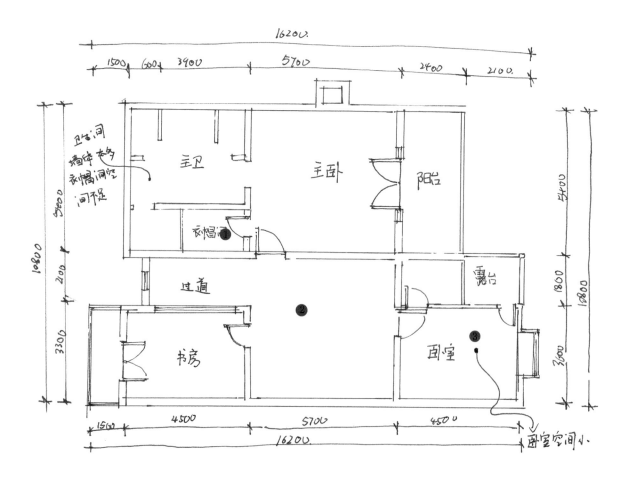

二楼墙体拆除图分析

　　图中黄色记号部分表示需要拆除的墙体，这些墙体拆除后空间可以得到更大的整合。

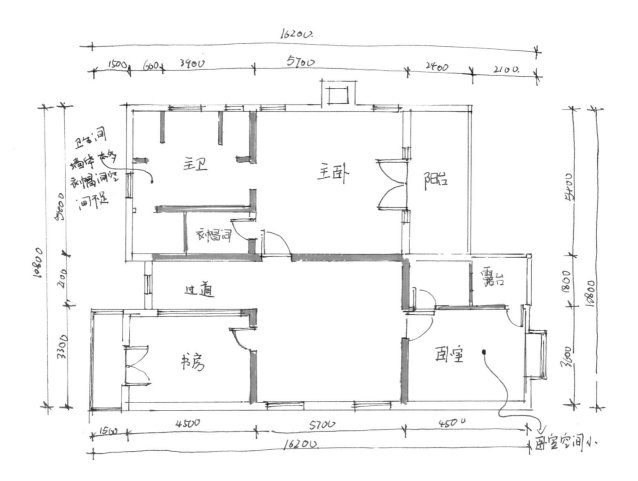

二楼新建墙体分析

第一，减少公共空间和主卫面积，增加卧室面积，但缺少衣帽间。

第二，放映室虽能满足家人试听享受，但功能性较为单一，利用率也低，应考虑多功能室。

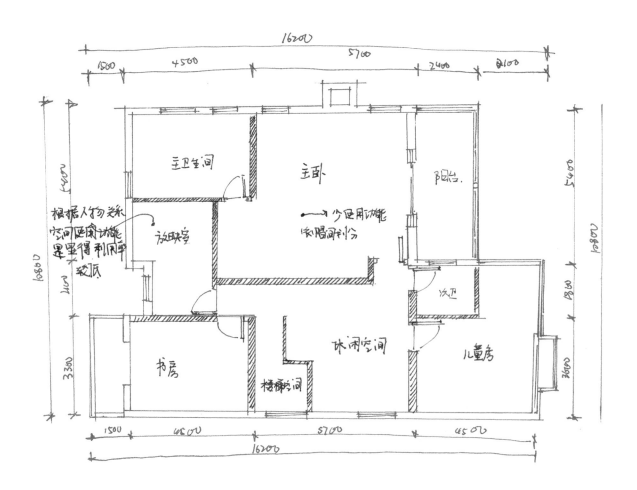

二楼平面布局分析

第一, 放映室利用率较低,可设计为多功能室,可以兼作休息空间,如图中标记1所示的位置。

第二, 可考虑将阳台空间纳入书房作阳光书房,如图中标记2所示的位置。

第三, 卧室空间面积大,衣帽间设计欠考虑,电视摆放位置也不方便观看,如图中标记3所示的位置。

第四, 次卫生间中马桶的位置不适宜摆放在进门的地方,如图中标记4所示的位置。

第五, 钢琴摆放在儿童房欠考虑,因为钢琴可作为公共使用,而且钢琴具有装饰作用可以放置在显眼的位置,如图中标记5所示的位置。

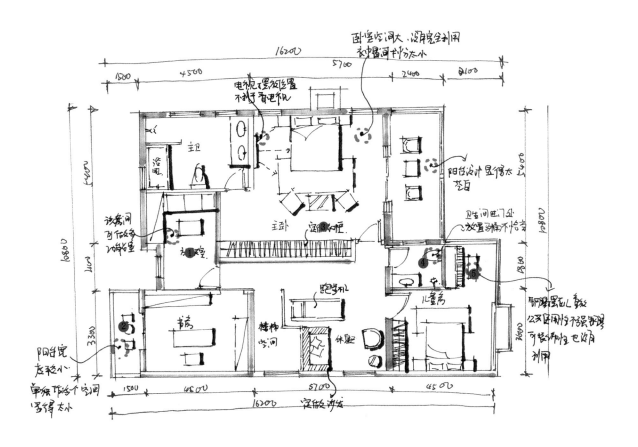

二楼地面材质铺装图分析

　　第一，卫生间全用马赛克拼贴，在设计上未考虑视觉感，马赛克面积小、块面密集、颜色多且杂，用于大面积空间装饰时容易在视觉上产生膨胀感而造成视觉疲劳。

　　第二，地毯的设计应考虑实用性，在私人空间中运用地毯可以使空间温馨，而在公共休息空间中运用地毯时，卫生清理及细菌等问题突出。

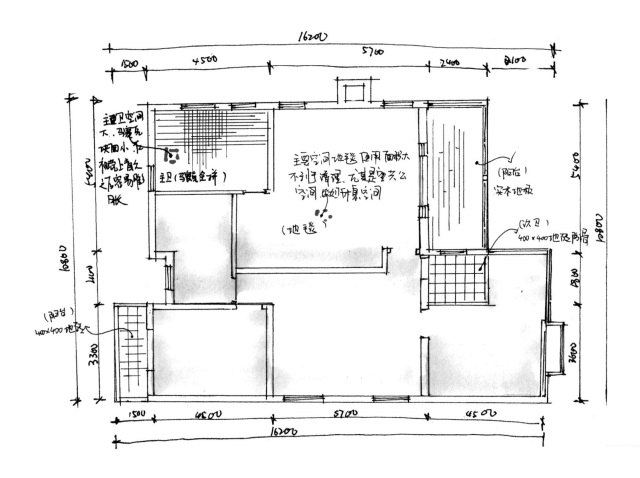

电视墙立面设计分析

　　第一，电视墙面积小，竖向文化石拼贴虽然与玻璃碎拼相统一，可以增加电视墙高度，但是在电视墙宽度本身较窄的情况下，竖向拼贴更显窄。

　　第二，文化石与玻璃材质两者在运用时应重新考虑材质是否搭配。

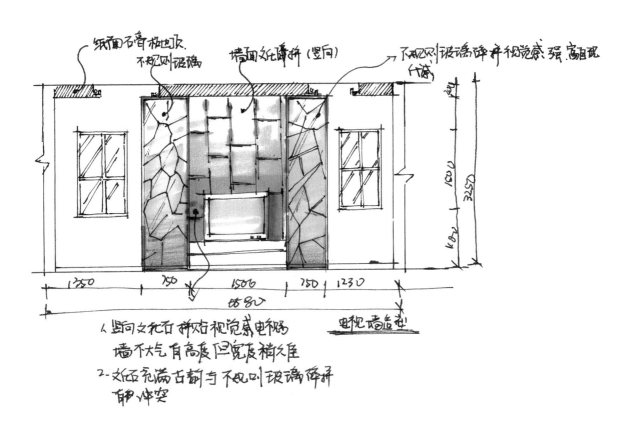

餐厅与会客厅立面图分析

　　餐厅墙面上运用圆形装饰挂钟，夸张的造型手法非常引人注目；而会客厅墙面上窗户的造型则是方形。在同一水平面上，方形与圆形的视觉效果不调和。

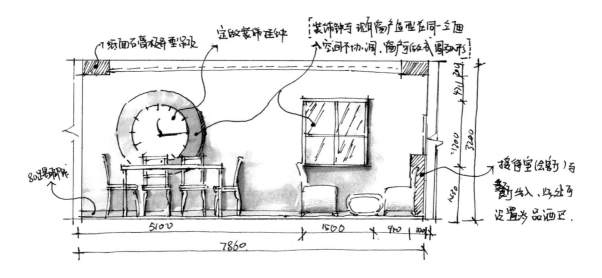

■ 别墅室内设计方案修改及CAD图绘制

一楼原始结构图CAD绘制

　　绘制时使用文字标注功能分区，必要的水管、地漏要标明。

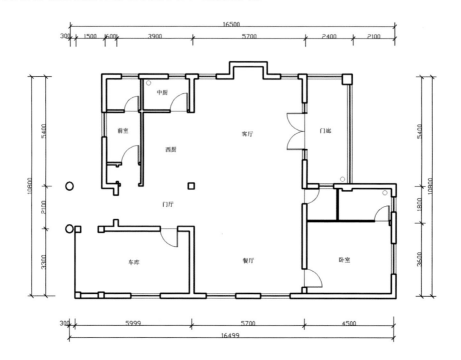

一楼新建墙体图CAD绘制

第一，保姆房墙体向卫生间移动，减少卫生间一部分面积，从而增加保姆房面积。

第二，厨房用墙体分割为中式厨房和西式厨房，新建墙体如右图所示。

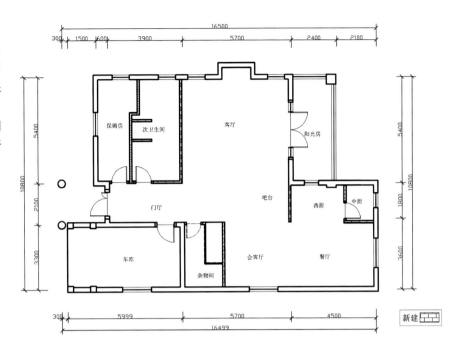

一楼平面布局图CAD绘制

第一，保姆房墙体向卫生间挪动一部分，并将其中一部分升高做成榻榻米，解决了保姆房中床的摆放位置问题，如图中标记1所示的位置。

第二，卫生间洗漱区和洗浴区用铺装做明显分割，如图中标记2所示的位置。

第三，餐厅旁边改成了品酒区，开敞式厨房增加了一面隔断将中式厨房分离出来，避免了中式厨房油烟对其他房间的影响，如图中标记3所示的位置。

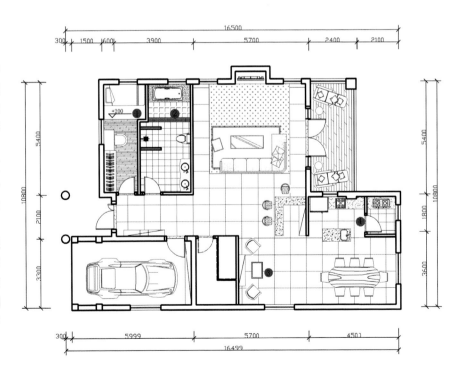

电视墙立面图CAD绘制

为使电视墙显得更统一、大气，特增加电视墙面积，将文化石换成光滑的大理石整拼，其材质与光滑的玻璃更协调，电视墙立面如下图所示。

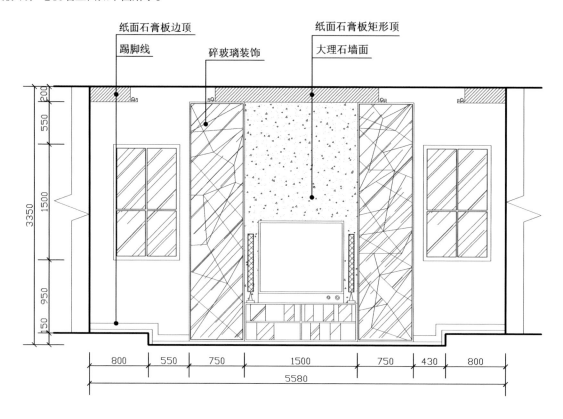

餐厅与品酒区立面图CAD绘制

将方形的窗户做成半圆形，与圆形的装饰挂钟相统一。

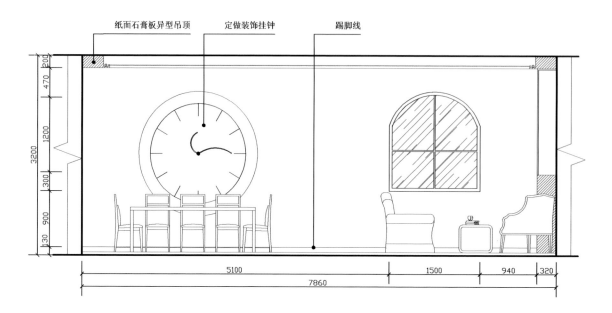

二楼原始结构图
CAD绘制

绘制结果如
右图所示。

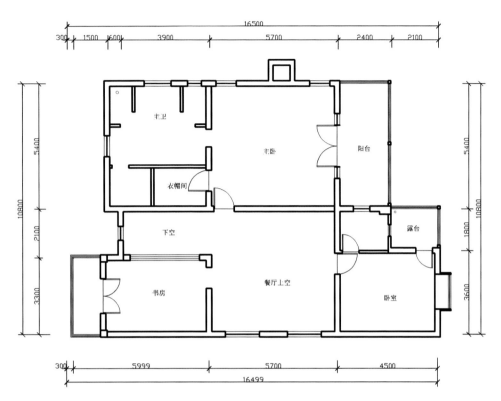

二楼墙体拆除图
CAD绘制

拆除墙体，
将空间重新规划整
合，如右图所示。

第一，书房阳
台纳入书房空间，
做成阳光书房。

第二，将次卧
露台部分拆除，用
作儿童学习空间。

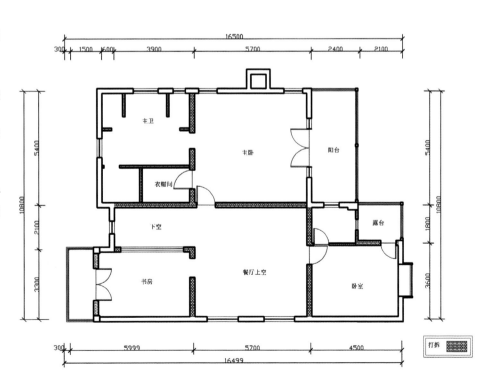

二楼新建墙体图CAD绘制

第一，在主卧室中间增加一面隔断墙，分割出来的空间作为衣帽间使用，如图中标记1所示的位置。

第二，减少卫生间面积，增加多功能室空间面积，如图中标记2所示的位置。

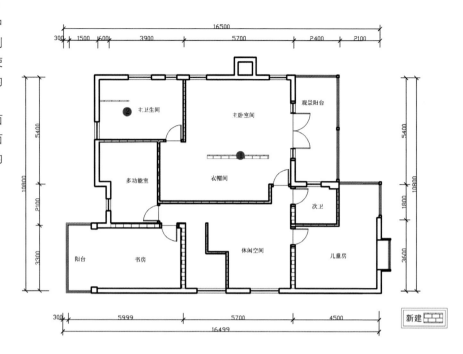

二楼平面布局图CAD绘制

第一，为了满足放映室在使用功能上的扩展性，将沙发改成榻榻米，可以作为客人休息卧室，如图中标记1所示的位置。

第二，在主卧中增加隔断墙，将卧室分割成为卧室与衣帽间，同时也解决了电视摆放位置的问题，如图中标记2所示的位置。

第三，儿童房钢琴摆放到公共休息区，可供一家人娱乐休息，儿童房则可以增加儿童学习区，如图中标记3所示的位置。

第四，将阳台用玻璃封闭纳入书房，形成大的阳光房，如图中标记4所示的位置。

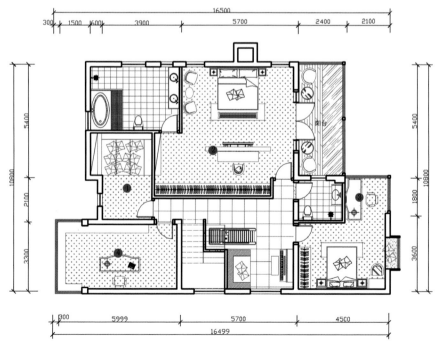

主卧室床头背景墙立面图CAD绘制

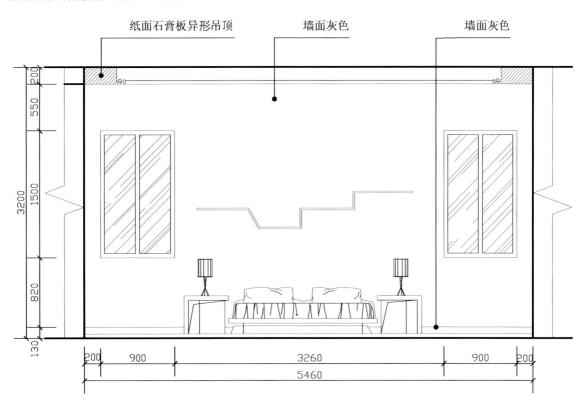

主卧室电视墙隔断立面图CAD绘制

主卧室衣帽间梳妆台立面图CAD绘制

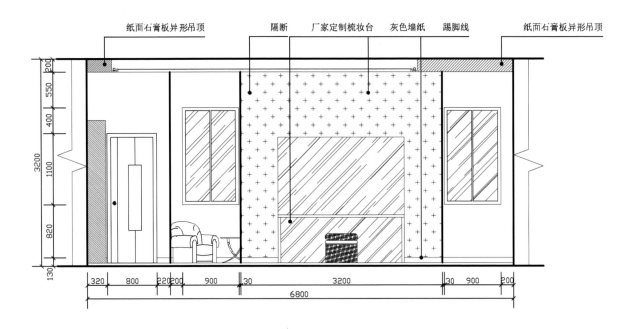